国家质量监督检验检疫总局计量司　编著

《计量发展规划(2013—2020年)》学习问答

中国质检出版社
北京

图书在版编目(CIP)数据

《计量发展规划(2013—2020 年)》学习问答/国家质量监督检验检疫总局计量司编著.—北京:中国质检出版社,2013.5
ISBN 978-7-5026-3816-0

Ⅰ.①计… Ⅱ.①国… Ⅲ.①计量—工作—规划—中国—2013—2020—学习参考资料 Ⅳ.①TB9-12

中国版本图书馆 CIP 数据核字(2013)第 081972 号

中国质检出版社出版发行
北京市朝阳区和平里西街甲 2 号(100013)
北京市西城区三里河北街 16 号(100045)

网址 www.spc.net.cn
总编室:(010)64275323 发行中心:(010)51780235
读者服务部:(010)68523946

中国标准出版社秦皇岛印刷厂印刷
各地新华书店经销

*

开本 880×1230 1/32 印张 4.375 字数 112 千字
2013 年 5 月第一版 2013 年 5 月第一次印刷

*

定价 19.00 元

如有印装差错 由本社发行中心调换

编 委 会

序

2013年3月2日，国务院印发了《计量发展规划(2013—2020年)》(以下简称《规划》)。《规划》对我国到2020年的计量发展提出了指导思想、基本原则、发展目标以及重要任务和保障措施等。这是建国以来首次以国务院文件的形式印发的计量发展规划。该《规划》的发布，说明党中央、国务院对计量工作的高度重视。它不仅对当前的计量工作具有推动作用，也对以后的计量发展具有重要指导意义。计量发展迎来建国以来最好的发展机遇期。

为认真学习《规划》，深刻领会《规划》的重要内容和精神实质，质检总局计量司组织有关人员，在认真学习《规划》的基础上，编辑了这本《〈计量发展规划(2013—2020年)〉学习问答》(以下简称《问答》)。通过问答的形式，介绍《规划》编制的背景、意义、编制过程以及《规划》的重要任务、重点内容等，以便和全国计量工作者一起学习《规划》，统一思想，提高认识，共同落实《规划》任务，推动计量事业科学发展。

在《问答》编制过程中，主要突出以下原则：一是知识普及。计量是一门基础科学，在社会发展中具有重要的地位和作用，但在社会上的认知程度还很有限。因此在《问答》中有很多概念性的问题，这样有利于对计量的了解，有利于对《规划》内容的理解。二是通俗易懂。计量内容很丰富，很多领域的计量知识很深奥，特别是一些尖端的计量测试技术很抽象，为了更好地学习和掌握有关内容，对概念进行介绍时，在尽量保持原有含义的基础上，适当采用通俗易懂的语言进行表达，因此与计量名词术语的解释可能会有一些出入。三是适当扩展。在确定问答题目和答案时，尽量用《规划》中的原文，但由于原文较为精练，因此，适当增加了一些相关知识的介绍，并给予一定扩展，尽量回答出原文背后的内涵和意义。四是教育宣传。在《问答》中适当增加了计量在经济发展、科技进步、国防建设以及公平交易、人身健康安全等方面作用的介绍，以提高计量工作重要性的认识。

仁者见仁，智者见智。对《规划》中某一部分的理解可能不十分准确。本书编委会全体成员愿意和大家一起就《规划》中的某些问题进行探讨，以期准确理解，正确把握，有效落实。

本书在编辑过程中得到了史子伟、黄耀文、薛允明等专家的指导，在此一并表示感谢。

本书编委会
2013 年 5 月

目　录

重要文件

导论和基本概念

计量发展现状与形势

指导思想、基本原则和发展目标

加强计量科技基础研究

加强计量服务与保障能力建设

加强计量法律法规体系建设

保障措施

重要文件

国务院关于印发计量发展规划（2013—2020年）的通知

国发〔2013〕10号

各省、自治区、直辖市人民政府，国务院各部委、各直属机构：

现将《计量发展规划（2013—2020年）》印发给你们，请认真贯彻执行。

国务院

2013年3月2日

计量发展规划
（2013—2020年）

计量是实现单位统一、保证量值准确可靠的活动，关系国计民生。计量发展水平是国家核心竞争力的重要标志之一。为贯彻党的十八大精神，进一步夯实计量基础，全面提升计量整体能力和水平，特制定本规划。

一、发展现状与形势

党和国家历来高度重视计量工作。新中国成立后尤其是改革开放以来，基础性、前沿性和共性计量科研成果大量涌现，具有中国特色的计量发展与管理制度逐步形成。国家计量基标准、社会公用计量标准、量传溯源[①]体系不断完善，保证了全国单位制的统一和量值的准确可靠；专用、新型、实用型计量测试技术研究水平和服务保障能力进一步增强；计量法律法规和监管体制逐步完善；国际比对和国际合作进一步加强，我国计量测量能力居于世界前列。但是，计量工作的基础仍较为薄弱。国家新一代计量基准持续研究能力不足；量子计量基准相关研究尚处于攻坚阶段，与发达国家仍有很大差距；社会公用计量标准建设迟缓，部分领域量传

[①] 量传溯源是量值传递和量值溯源的简称。量值传递指通过对测量仪器的校准或检定，将国家测量标准所实现的单位量值通过各等级的测量标准传递到工作测量仪器的活动，以保证测量所得的量值准确一致。量值溯源是量值传递的逆过程。

溯源能力仍存在空白;法律法规和监管体制滞后于社会主义市场经济发展需要,监管手段不完备,计量人才特别是高精尖人才缺乏。

本世纪第二个十年,是我国全面建成小康社会、加快推进社会主义现代化建设的关键时期,是深化改革开放、加快转变经济发展方式的攻坚时期。计量发展面临新的机遇和挑战:世界范围内的计量技术革命将对各领域的测量精度产生深远影响;生命科学、海洋科学、信息科学和空间技术等快速发展,带来巨大计量测试需求;国民经济安全运行以及区域经济协调发展、自然灾害有效防御等领域的量传溯源体系空白需尽快填补;促进经济社会发展、保障人民群众生命健康安全、参与全球经济贸易等,需要不断提高计量检测能力。夯实计量基础、完善计量体系、提升计量整体水平已成为提高国家科技创新能力、增强国家综合实力、促进经济社会又好又快发展的必然要求。

二、指导思想、基本原则和发展目标

(一) 指导思想。

高举中国特色社会主义伟大旗帜,以邓小平理论、“三个代表”重要思想、科学发展观为指导,突出基础建设、法制建设和人才队伍建设,加强基础前沿和应用型计量测试技术研究,统筹规划国家计量基标准和社会公用计量标准发展,进一步完善量传溯源体系、计量监管和诚信体系,为推动科技进步、促进经济社会发展和国防建设提供重要的技术基础和技术保障。

(二) 基本原则。

——突出重点,夯实基础。加强计量科学技术基础研究,夯实计量技术基础;加快计量科学技术成果转化,带动科学技术、高技术产业以及企业科研等相关测试领域的发展与创新;加强国家计量基标准和社会公用计量标准建设,满足重点领域、重大工程对计量测试技术的需求。

——统筹兼顾,服务发展。统筹社会计量资源,合理布局国家计量科技创新实验基地以及国家计量基标准和社会公用计量标准等基础建设;统筹计量基础研究和应用计量技术研究,兼顾区域、领域、行业和社会发展需求。

——完善法制,依法监管。完善计量法律法规体系;完善计量监管手段,推进公正执法;完善计量行政监管方式,推进规范执法;强化计量法制理念,推进文明执法。

(三)发展目标。

到2020年,计量科技基础更加坚实,量传溯源体系更加完善,计量法制建设更加健全,基本适应经济社会发展的需求。

科学技术领域:建立一批国家新一代高准确度、高稳定性量子计量基准,攻克前沿技术。突破一批关键测试技术,为高技术产业、战略性新兴产业发展提供先进的计量测试技术手段。提升一批国家计量基标准、社会公用计量标准的服务和保障能力。研制一批新型的标准物质[①],保证重点领域检测、监测数据结果的溯源性、可比性和有效性。建设一批符合新领域发展要求的计量实验室,推动创新实验基地建设跨越式发展。

法制监管领域:完成《中华人民共和国计量法》及相关配套法规、规章制修订工作。建立权责明确、行为规范、监督有效、保障有力的计量监管体系,建立民生计量、能源资源计量、安全计量等重点领域长效监管机制。诚信计量体系基本形成,全社会诚信计量意识普遍增强。

[①] 标准物质是具有足够均匀和稳定的特定特性的物质,其特性被证实适用于测量中或标称特性检查中的预期用途。

经济社会领域:量传溯源体系更加完备,测试技术能力显著提高,进一步扩大在食品安全、生物医药、节能减排、环境保护以及国防建设等重点领域的覆盖范围。国家计量科技基础服务平台(基地)、产业计量测试服务体系、区域发展计量支撑体系等初步建立,计量服务与保障能力普遍提升。

专栏1 计量发展量化目标

1. 完成《中华人民共和国计量法》修订;

2. 国家计量基标准、标准物质和量传溯源体系覆盖率达到95%以上;

3. 国家一级标准物质数量增长100%,国家二级标准物质品种增加100%;

4. 国家计量基准实现国际等效比例达到85%以上;

5. 得到国际承认的校准测量能力达到1400项以上,其中90%以上达到国际先进水平;

6. 国家重点管理计量器具受检率达到95%以上;

7. 全国范围内引导并培育10万家诚信计量示范单位;

8. 实现万家重点耗能企业能源资源计量数据实时、在线采集。

三、加强计量科技基础研究

(四)加强计量科技基础及国家计量基标准研究。

加强计量科技基础及前沿技术研究,特别是物理常数等精密测量和量子计量基准研究,应对国际单位制中以量子物理为基础的自然基准取代实物基准的重大技术革命,建立新一代高准确度、高稳定性量子计量基准。突破关键技术,建立一批经济社会发展急需的国家计量基标准、社会公用计量标准。加快改造和提升国家计量基标准能力和水平。

专栏2 计量科技基础研究重点项目

1. 基本物理常数精密测量技术研究;
2. 量子基准核心量子器件研究;
3. 基于铯钟、光钟的新一代时间频率基准研究;
4. 新一代量子计量基准研究;
5. 生物计量基准研究;
6. 超快光学、太赫兹精密测量技术以及单光子测量技术研究;
7. 新一代基于原子尺度的纳米计量技术研究;
8. 新材料计量测试技术及复杂环境下材料微纳结构测量技术研究;
9. 经济安全、生物安全、医疗安全、能源资源、生态建设、环境保护、应对气候变化、防灾减灾等领域计量溯源技术研究;
10. 高频天线计量关键技术研究;
11. 智能和互联式测量、嵌入式和普及式测量技术研究等。

(五)加强标准物质研究和研制。

开展基础前沿标准物质研究,扩大国家标准物质覆盖面,填补国家标准物质体系的缺项和不足。加强标准物质定值、分离纯化、制备、保存等相关技术、方法研究,提高技术指标。加快标准物质研制,提高质量和数量,满足食品安全、生物、环保等领域和新兴产业检测技术配套和支撑需求。完善标准物质量传溯源体系,保证检测、监测数据结果的溯源性、可比性和有效性。

专栏3 国家标准物质研究和研制的重点领域和重点方向

1. 食品安全领域,重点方向:食品中有机化学品残留、食品添加剂、食品中营养成分、食品中元素及形态、食品包装材料及持久性有机污染物检测以及食品中生化计量技术、物化特性及电离辐射计量技术、食品安全前沿性计量技术研究和相关标准物质的研制;

专栏3　国家标准物质研究和研制的重点领域和重点方向

2. 临床检验领域，重点方向：与心脑血管疾病、肿瘤等重大疾病早期预警和诊断、疾病危险因素早期干预等相关标准物质的定值、制备、稳定化技术研究以及相关高等级标准物质研制；

3. 生物领域，重点方向：基因核酸标准物质，蛋白质、脂质和毒素标准物质，微生物标准物质，生物工程多糖标准物质等标准物质的研制以及相关前沿计量测试技术研究；

4. 环保领域，重点方向：有机物标准物质，土壤、温室气体、烟道排放气体、交通工具尾气等检测用标准物质的研制及相关计量测试技术研究；

5. 材料科学领域，重点方向：石油、煤炭和生物燃料理化性质方面的标准物质，工业产品、工业原材料中有害物质检测用标准物质，接触角、表面张力等界面特性方面标准物质，纳米薄膜厚度、薄膜表面成分、材料微观结构、碳基材料/纳米材料的特性量值方面的标准物质的研制及相关计量测试技术研究。

（六）加强实用型、新型和专用计量测试技术研究。

加快新型传感器技术、功能安全技术等新型计量测试技术和测试方法研究，加快转化和应用，填补新领域计量测试技术空白。加快航空航天、海洋监测、交通运输等专用计量测试技术研究，提升专业计量测试水平。提高食品安全、药品安全、突发事故的检测报警、环境和气候监测等领域的计量测试技术水平，增强快速检测能力。将计量测试嵌入到产品研发、制造、质量提升、全过程工艺控制中，实现关键量准确测量与实时校准。加强仪器仪表核心零（部）件、核心控制技术研究，培育具有核心技术和核心竞争力的仪器仪表品牌产品。

（七）加强量传溯源所需技术和方法研究。

加强与微观量、复杂量、动态量、多参数综合参量等相关的量传溯源所需技术和方法的研究。加强经济安全、生态安全、国防安全等领域量值测量范围扩展、测量准确度提高等量传溯源所需技术和方法的研究。加强互联网、物联网、传感网等领域计量传感技术、远程测试技术和在线测量等相关量传溯源所需技术和方法的研究。加强计量对能源资源的投入产出、流通过程中的统计与测量,以及对贸易、税收、阶梯电价等国家政策的支持方式和模式研究。

(八)推进计量科技创新。

大力推动计量科技与物理、化学、材料、信息等学科的交叉融合,完善学科布局。加强高校、科研院(所)以及部门科研项目的合作,开展重点领域、重点专业、重点技术难题专项合作研究。改善对环境控制和设施配套有较高要求并与先进测量、高精密测量相适应的超高、超宽和洁净实验条件以及计量科技创新实验环境。构建以计量前沿科研为主体、计量科研创新发展为手段、服务产业技术创新为重点、推动创新型国家建设为宗旨的"检学研"相结合的计量技术创新体系。

(九)加快科技成果转化。

计量科研项目的立项、论证等要与高技术产业、战略性新兴产业的科研项目对接,把科研成果的转化作为应用型计量技术研究课题立项、执行、验收的全过程评审指标。加快计量科研成果的推广和应用。建立计量科研机构与企业技术机构交流平台,加强计量技术机构与企业联合立项、联合攻关、联合研发力度,开展计量科研成果展示、科研人员技术交流、技术合作或共同开发等,促进计量科研成果转化和有效应用。

(十)积极参与计量国际比对。

积极参加计量基标准国际比对,增加作为主导实验室组织计量国际比对的数量,提高我国量值的国际等效性。加强对计量国际比对各环节管理,为参与和组织计量国际比对提供便利。积极参与国际同行评审,加快校准测量能力建设,提升我国在国际计量领域的竞争力和国际影响力。

(十一)制修订计量技术规范。

及时制修订计量技术规范,满足量传溯源及计量执法需要。

加大经济发展、节能减排、安全生产、医疗卫生等领域的计量技术规范制修订力度。加强部门(行业)和地方计量技术规范制修订工作管理,促进计量技术规范协调统一。增强实质性参与制修订国际建议[①]的能力,推动我国量值与国际量值等效一致。

四、加强计量服务与保障能力建设

(十二)提升量传溯源体系服务与保障能力。

统筹国家计量基标准、社会公用计量标准建设,科学规划量传溯源体系。加速提升时间频率等关键量和温室气体、水、粮食、能源资源等重点对象量传溯源能力。加快食品安全、节能减排、环境保护等重点领域国家计量基标准和社会公用计量标准建设,填补量传溯源体系空白。全面提升各级计量技术机构量传溯源能力。根据需要合理配置计量标准,做好企(事)业单位的内部量传溯源工作,保证量值准确可靠。

专栏 4　国家量值传递能力提升
1. 国家计量基标准保存单位的能力提升:加快国家计量基标准建立,加大国家计量基标准改造力度,加强相关标准物质的研制,完善实验基础条件,提升国家计量量传溯源源头的计量基标准水平和量传溯源能力; 2. 各大区计量测试中心能力提升:建立大区级别计量标准,完善实验基础条件,重点开展量传溯源计量技术与方法的应用研究等,提升各大区量传溯源能力以及服务区域经济发展的能力; 3. 部门(专业)计量技术机构(计量站)能力提升:完善实验基础条件,开展专用计量技术与方法研究等,满足海洋、农(林)业、气象、水利、地震、电力、通讯、铁路交通等部门(专业)发展需求;

[①] 国际建议:国际法制计量组织的出版物之一,旨在提出某种测量器具必须具备的计量特性并规定了检查其合格与否的方法和设备。

专栏4　国家量值传递能力提升

4. 省级计量技术机构能力提升：建立社会公用计量标准，完善实验基础条件，开展实用型计量技术研究和计量测试工作，全面提升量传溯源服务能力，适应各省(市、区)高技术产业、战略性新兴产业、节能减排等重点领域、重大工程和重点项目建设以及当地产业发展需求；

5. 地(市)级计量技术机构能力提升：完善适应本地区经济社会发展和强制检定需要的社会公用计量标准、计量检定实验条件，重点满足食品安全、安全生产以及特种设备安全、节能减排、环境保护等领域的发展需要；

6. 县级计量技术机构能力提升：完善适应县域经济社会发展和强制检定需要的社会公用计量标准、计量检定实验条件，重点满足食品安全、安全生产、贸易结算、医疗卫生等领域发展需要；

7. 企(事)业计量能力提升：建立企(事)业内部量传溯源所需的计量标准，加强对计量标准、工作计量器具的管理，采用先进的计量器具和检测仪器设备，提升生产工艺过程控制、产品质量升级的相关计量技术支撑能力。

(十三) 完善国家计量科技基础服务平台(基地)。

以国家计量基标准和社会公用计量标准建设为主体，以量传溯源体系为基本架构，进一步完善国家计量科技基础服务平台(基地)。加强大型计量科学仪器、设备共享，营造开放、共享的计量研究实验环境。加强科技文献数据、计量科研数据和科研成果数据共享，促进科研成果的转化、推广和应用。强化平台(基地)信息化建设，不断充实国家计量基标准和社会公用计量标准、计量科研成果、计量服务能力和水平等信息。

(十四) 构建国家产业计量测试服务体系。

整合相关科研院所、高等院校、企(事)业单位等资源，在高技术产业、战略性新兴产业、现代服务业等经济社会重点领域，研究具有产业特点的量值传递技术和产业关键领域关键参数的测量、测试技术，开发产业专用测量、测试装备，研究服务产品全寿命周期的计量技术，构建国家产业计量测试服务体系。

专栏 5　国家产业计量测试服务重点领域
1. 节能环保产业：为高效节能产业、节能环保产业和资源循环利用产业的新技术发展提供计量检定、校准及测试等服务； 2. 新一代信息技术产业：为信息网络产业、电子核心基础产业、高端软件和新兴信息服务产业提供计量检定、校准及测试服务； 3. 生物产业：为生物医药产业、生物医学工程、生物农业产业、生物制造产业等提供计量检定、校准及测试技术服务； 4. 高端装备制造业：为航空装备产业、卫星及应用产业、轨道交通装备产业、海洋工程装备产业、智能制造装备产业等提供计量检定、校准及测试服务； 5. 新能源产业：为核电技术、风能、太阳能、生物质能等新能源产业发展提供计量检定、校准及测试服务； 6. 新材料产业：为新型功能材料、先进结构材料、高性能复合材料等产业发展提供计量检定、校准及测试服务； 7. 其他重点产业。

（十五）构建区域发展计量支撑体系。

整合区域内现有计量技术机构、专业计量站、部门计量技术机构以及企（事）业单位的计量技术能力，结合主体功能区规划定位，加强计量技术服务与保障能力建设。建立满足区域发展需要的国家计量基标准和社会公用计量标准，完善量传溯源体系。加强相关计量测试技术的研究，开展计量检测等活动，提升现代计量测试水平和服务区域经济发展的能力。

专栏 6　区域发展计量技术保障能力建设重点
1. 西部地区计量技术保障能力建设：根据西部地区战略发展定位，重点提高服务电力、天然气、煤炭、森林、矿山等能源资源的计量技术支撑能力，服务西气东输、西电东送、高原铁路等重大工程建设的技术支撑能力； 2. 中部地区计量技术保障能力建设：根据中部地区战略发展定位，围绕粮食生产基地、能源原材料基地、现代装备制造及高技术产业基地建设，重点提升服务农业、煤炭、电力、交通运输业等计量技术支撑能力，提升服务农业商品生产基地和能源原材料基地建设以及农产品加工转化和资源深度开发的计量技术支撑能力；

专栏6　区域发展计量技术保障能力建设重点

3. 东部地区计量技术保障能力建设:根据东部地区发展战略定位,围绕重点发展高技术产业和资源消耗小、附加价值高的出口产业,重点提升服务信息产业、核电、生物、医药、新材料、海洋、太阳能光伏与半导体光源产业等高技术产业发展的计量技术支撑能力;

4. 东北地区等老工业基地计量技术保障能力建设:根据东北地区的发展战略定位,围绕巩固和提升全国最重要的商品粮食生产基地、重要林业基地、能源原材料基地、机械工业和医药工业基地,重点提升服务大型铸锻件、核电设备、风电机组、先进船舶和海洋工程装备、大型农业机械、高速动车组、大功率机车、高档数控机床等相关产业发展的计量技术支撑能力。

(十六)构建国家能源资源计量服务体系。

完善与能源资源计量相关的国家计量基标准和社会公用计量标准体系建设,加强能源资源监管和服务能力建设,开展城市能源资源计量建设示范,开展能源资源计量检测技术研究、交流及计量检测技术研究成果转化,促进节能减排。开展计量检测、能效计量比对等节能服务活动,促进用能单位节能降耗增效。开展专业技术人才培训,提高专业素质,构建能源资源计量服务体系。

(十七)加强企业计量检测和管理体系建设。

依据测量管理体系有关标准和国际建议要求,完善计量检测体系认证制度,推动大、中型企业建立完善计量检测和管理体系。加强计量检测公共服务平台建设,为大宗物料交接、产品质量检验以及企业间的计量技术合作提供检测服务。生产企业特别是大、中型企业要加强计量基础设施建设,建立符合要求的计量实验室和计量控制中心,加强对计量检测数据的应用和管理,合理配置计量检测仪器和设备,实现生产全过程有效监控。积极采用先进的计量测试技术,推动企业技术创新和产品升级。新建企业、新上项目等,要把计量检测能力建设作为保证企业产品质量、提高企业生产效率、实现企业现代化和精细化管理的重要技术手段,与其他基础建设一起设计、一起施工、一起投入使用。

（十八）增强国防建设服务保障能力。

（十九）加强国际计量交流合作。

建立国际计量交流合作平台，加强国际计量技术交流合作，促进我国量值国际等效，促进对外贸易稳定增长。扩大计量双边、多边合作与交流，参与重要国际合作计划和项目，扩大互认国和互认产品范围，满足“一次测试、一张证书、全球互认”的发展需求。

五、加强计量监督管理

（二十）加强计量法律法规体系建设。

加快《中华人民共和国计量法》及相关配套法规、规章的制修订，建立健全有中国特色的计量监管体制和机制。全面梳理相关法规规章，形成统一、协调的计量法律法规体系。制定强制管理的计量器具目录，强化贸易结算、安全防护、医疗卫生、环境监测、资源管理、司法鉴定、行政执法等重点领域计量器具监管。制修订能效标识监管、过度包装监管等方面的行政法规或规章，推动相关监管制度的建立和实施。

（二十一）加强计量监管体系建设。

进一步健全计量监管体系，提高监管效率，保证全国单位制统一和量值准确可靠。加强重点计量器具的监督，完善计量器具制造许可、型式批准、强制检定、产品质量监督检查等管理制度，提高计量器具产品质量。用简便、快速、有效的计量执法装备充实执法一线，完善计量监管手段，提高执法人员综合素质和执法水平。加强对计量检定技术机构监管，规范检定行为。建立强制检定计量器具档案。完善部门计量监管机制，加大监管力度。充分发挥新闻舆论、社会团体、人民群众等社会监督作用。

（二十二）推进诚信计量体系建设。

在服务业领域推进诚信计量体系建设，加强诚信计量教育，树立诚信计量理念。强化经营者主体责任，培养自律意识，推动经营者开展诚信计量自我承诺活动，培育诚信计量示范单位。加强计量技术机构诚信建设，增强计量检测数据的可信度和可靠性。实施诚信计量分类监管，建立诚信计量信用信息收集与发布和计量失信“黑名单”制度，建立守信激励和失信惩戒机制。

（二十三）强化民生计量监管。

加强对食品安全、贸易结算、医疗卫生、环境保护等与人民群众身体健康和切身利益相关的重点领域计量监管。在服务业领域推行计量器具强制检定合格公示制度，依法接受社会监督。强化食品安全等重点领域相关标准物质的制造、销售和使用中的监管，促进标准物质规范使用。强化对定量包装商品生产企业计量监管，改革完善定量包装商品生产企业计量保证能力监管模式，有针对性地开展计量专项整治，维护消费者合法权益。

（二十四）强化能源资源计量监管。

加强对用能单位能源资源计量器具配备、强制检定的监管。开展能源资源计量审查、能效对标计量诊断等活动，培育能源资源计量示范单位。按照相关法律法规要求，强化用能单位能源资源计量的主体责任，引导用能单位合理配备和正确使用能源资源计量器具，建立能源资源计量管理体系，实现实时监测。加强对能源资源计量数据分析、使用和管理，对各类能源资源消费实行分类计量。积极采用先进计量测试技术和先进的管理方法，实现从能源采购到能源消耗全过程监管。

（二十五）强化安全计量监管。

加强安全用计量器具提前预测、自动报警、检测数据自动存贮、实时传输等相关功能的研发和应用，提高智能化水平。加强与安全相关计量器具的制造监管，为生产安全、环境安全、交通安全等提供高质量的计量器具。加强重点行业安全用计量器具的强制检定，督促使用单位建立和完善安全用计量器具的管理制度，按要求配备经检定合格的计量器具，确保安全用强制检定计量器具依法处于受控状态。加强安全用计量器具的监督抽查。建立计量预警机制和风险分析机制，制定计量突发事件的应急预案。

（二十六）严厉打击计量违法违规行为。

加强计量作弊防控技术和查处技术研究，提高依法快速查处、快速处理能力。加大计量器具制造环节监管，严厉查处制造带有作弊功能的计量器具。加强市场监管，对重点产品加大检查力度，严厉查办利用高科技手段从事计量违法行为。严厉打击能效标识虚标和商品过度包装行为。加强执法协作，建立健全查处重大计量违法案件快速反应机制和执法联动机制，加强行业性、区域性计量违法问题的集中整治和专项治理。建立健全计量违法举报奖励制度，保护举报人的合法权益。做好行政执法与刑事司法衔接，加大计量违法行为的刑事司法打击力度。

六、保障措施

（二十七）加强组织领导。

各级人民政府要高度重视计量工作，把计量发展规划纳入到国民经济和社会发展规划中，及时研究制定支持计量发展的政策措施。各地要按照计量量传溯源体系特点和要求，整体规划计量发展目标，合理布局本地区计量发展重点，建立完善的计量服务与保障体系。各部门、各行业、各单位要按照规划要求，组织编制实施方案，分解细化目标，落实相关责任，确保规划提出的各项任务完成。要加强国家、地区、部门有关年度工作计划与规划的衔接，把规划的总体要求安排到年度计划中。

（二十八）加大投入力度。

各级人民政府要增加对公益性计量技术机构的投入。发展改革、财政、科技、人力资源社会保障等部门要制定相应的价格、投资、财政、科技以及人才支持政策。加强对计量重大科研项目的支持，促进计量科技研发和重点科研项目、科研成果的转化和应用。增加强制检定所需计量检定设备投入，完善基层计量执法手段，提升计量执法能力和水平。支持开展计量惠民活动，把与人民生活、生命健康安全密切相关的计量器具的强制检定所需费用逐步纳入财政预算。

(二十九)加强队伍建设。

依托重大科研项目、重点建设平台和国际合作项目，加大学科带头人培养力度。强化高层次科技人才开发，着力培养具有世界科技前沿水平的高级专家、高层次领军人才。加大优秀科技人才引进，重视青年科技英才培养，支持青年人才主持重点科技项目。加强计量相关学科、专业以及课程建设，完善全过程计量人才培养机制。加强计量技术人员相关职业资格制度建设，加强计量行政管理人才培养，提升计量队伍的业务水平和监管能力。加强计量文化建设，构建"度万物、量天地、衡公平"的计量文化体系。加强计量基础知识普及教育和宣传，形成公平交易、诚信计量的良好社会氛围。

(三十)强化评估考核。

加强对规划实施评估，定期分析进展情况。实施规划中期评估，评估后需调整的规划内容，由规划编制部门提出具体方案，报国务院批准后实施。规划编制部门要对规划最终实施总体情况进行全面评估并向社会公布规划实施情况及成效。地方各级人民政府、各有关部门要建立落实规划的工作责任制，按照职责分工，对规划的实施情况进行检查考核，对规划实施过程中取得突出成绩的单位和个人予以表彰奖励。

《计量发展规划(2013—2020年)》编制说明

国家质检总局

《中华人民共和国计量法实施细则》第三条规定:“国家有计划地发展计量事业,用现代计量技术装备各级计量检定机构,为社会主义现代化建设服务,为工农业生产、国防建设、科学实验、国内外贸易以及人民的健康、安全提供计量保证,维护国家和人民的利益。”2011年5月20日,王岐山副总理在视察中国计量科学研究院时指出:“伴随着科技的飞速发展和全球经济一体化,计量工作越来越重要,要求越来越高,必须从战略和全局高度抓好这项基础性工作。”“计量是推动科技创新、加快经济发展、促进社会进步、保障国家安全和提高人民生活质量的重要技术支撑。面对新形势,计量工作要与时俱进,紧紧围绕科学发展的主题、加快转变经济发展方式的主线,加强战略性新兴产业、节能降耗减排、产品质量和食品安全等领域的计量基础研究,建立和完善计量基准、标准、法律法规和监管体系。要借鉴国际先进经验,积极参与国际计量交流与合作,增强在国际上的话语权。”

为进一步落实《中华人民共和国计量法实施细则》要求和国务院领导的讲话精神,国家质检总局按照有关工作程序和要求编制完成了《计量发展规划(2013—2020年)》(以下简称《规划》)送审稿。现将《规划》编制有关情况说明如下:

一、《规划》编制的必要性

计量是实现单位统一、保证量值准确可靠的活动。计量是国家质量基础设施的重要支柱，是推动科技创新、提高产品质量、加强国防建设的重要技术基础，是促进经济发展、维护市场经济秩序、保证人民生命健康安全、实现国际贸易一体化和促进社会和谐的重要技术保障。计量发展水平是国家核心竞争力的重要标志之一，在一定程度上反映了国家科学技术和经济发展水平。

党和国家一直高度重视计量工作。新中国成立后，国家制定了一系列的政策措施，初步形成了具有中国特色的计量发展与计量管理制度。特别是1985年《中华人民共和国计量法》(以下简称《计量法》)公布后，计量事业更是取得长足发展，在经济社会发展中的作用日益增强。但是随着我国社会经济的发展、人民生活水平的日益提高以及世界经济全球化进程的深入，我国的计量体系出现了一些明显的问题和不适应的情况：如国家新一代计量基准持续研究能力不足，不能完全满足“科学要发展，计量须先行”的需求；量子计量基准相关研究还处于艰难的攻坚阶段，与发达国家还有很大差距；社会公用计量标准建设迟缓，部分领域量传溯源能力仍存在空白；现行的《计量法》已不能适应社会主义市场经济发展需要，在一定程度上影响了计量监管和计量执法的有效性；人才队伍建设迟缓，特别是高精尖人才缺乏，不能满足计量发展对人才的需求。

因此，必须科学规划计量发展方向，明确计量发展目标，营造有利于计量发展的良好环境。尽快解决计量工作中存在的突出问题，加快提升国家计量基标准体系、量传溯源体系和计量监管体系水平，为全面建设小康社会、加快推进社会主义现代化建设、推动经济社会转型发展以及加强国防建设、促进国际贸易一体化提供强有力的计量基础支撑和计量技术保障。

二、《规划》编制过程

国家质检总局党组高度重视《规划》的编制工作，成立了由蒲长城副局长为组长的“编制工作领导小组”。收集了大量国内外参考资料，并开展了专题调研工作，为编制《规划》提供基础素材；先后召开了十几次编制工作会议，对《规划》的编制以及《规划》中的具体问题进行专题研究；组织召开了三次部门、行业和中央有关企业座谈会，听取对《规划》的意见。

2012 年 9 月 21 日，国家发展改革委员会和国家质检总局联合召开了由金国藩、叶声华、李天初、庞国芳、姚骏恩、洪涛等六名院士以及王以铭、张国有、龙永红等三名教授参加的专家论证会。专家组一致认为：国务院决定编制计量发展规划，是对我国计量事业发展的高度重视，是进一步加快国家计量事业发展、增强国家核心竞争力的战略举措。编制好《规划》十分必要，对促进我国计量引领科学技术进步、支撑经济社会发展、实现社会和谐、维护国家主权和安全、增强参与经济全球化竞争力具有重要的战略意义。《规划》本着“突出重点，夯实基础；统筹兼顾，协调发展；强化法制，依法行政”的原则，明确计量发展目标，确定计量发展重点任务，体现了全面加强计量对经济社会发展和科技创新支撑力度的精神，勾画出了计量技术发展和计量管理进步相结合、近期和远期目标相统一、前沿攻关突破和整体能力提升相协调，走科技创新、服务国家战略发展的计量发展之路。《规划》目标明确，结构合理，逻辑性强，重点突出，发展思路清晰，措施得力。编制程序符合国家相关规定的要求。与会专家一致同意通过该《规划》的论证，建议对重点内容作进一步细化完善后，上报国务院审批。

《规划》报国务院后，国务院办公厅对《规划》作了进一步修改完善，并再次征求了国家发展改革委员会、国家质检总局等五个部门意见，形成了《规划》送审稿。

三、《规划》的主要组成部分

《规划》全文共分为六个部分：

第一部分：“发展现状与形势”。在总结近几年计量发展成果的基础上，分析了现阶段计量存在的突出问题，结合未来计量发展所面临的新形势、新任务和新挑战，指出夯实计量基础、完善计量体系、提升计量整体水平已成为提高国家科技创新能力、增强国家综合实力、促进经济社会又好又快发展的必然要求。

第二部分:“指导思想、基本原则和发展目标”。明确提出了到2020 年我国计量工作的指导思想、基本原则，提出了我国计量发展的总体目标以及相关的量化目标。

第三部分:“加强计量科技基础研究”。针对夯实计量技术基础，提出:加强计量科技基础及国家计量基标准研究，加强标准物质研究和研制，加强实用型、新型和专用计量测试技术研究，加强量传溯源所需技术和方法研究，推进计量科技创新，加快科技成果转化，积极参与计量国际比对，制修订计量技术规范等八个方面的内容。

第四部分:“加强计量服务与保障能力建设”。主要包括:提升量传溯源体系服务与保障能力，完善国家计量科技基础服务平台(基地)，构建国家产业计量测试服务体系，构建区域发展计量支撑体系，构建国家能源资源计量服务体系，加强企业计量检测和管理体系建设，增强国防建设服务保障能力，加强国际计量交流合作等八个方面的内容。

第五部分:“加强计量监督管理”。主要包括:加强计量法律法规体系建设，加强计量监管体系建设，推进诚信计量体系建设，强化民生计量监管，强化能源资源计量监管，强化安全计量监管，严厉打击计量违法违规行为等七个方面的监督管理工作。

第六部分:“保障措施”。从加强组织领导，加大投入力度，加强队伍建设，强化评估考核等四个方面提出了对计量发展的保障措施。

质检总局关于全国质检系统深入学习宣传贯彻《计量发展规划（2013—2020年）》的通知

国质检量函〔2013〕187号

各省、自治区、直辖市及新疆生产建设兵团质量技术监督局，认监委、标准委，总局各司(局)，各直属挂靠单位：

2013年3月2日，国务院颁布了《计量发展规划(2013—2020年)》(以下简称《规划》)，明确提出了我国计量发展的指导思想、基本原则、发展目标和今后的重点工作。为深入学习宣传贯彻《规划》精神，把《规划》的各项要求落到实处，按照国务院的统一部署和要求，现就有关学习宣传贯彻工作通知如下：

一、认真学习《规划》精神，准确把握《规划》基本要求

颁布实施《规划》，是党中央、国务院做出的重大决策，体现了党和国家对计量工作的高度重视，是新时期促进计量发展，提升计量能力和水平的重要行动纲领和行动指南。各单位要高度重视对《规划》的学习，把学习宣传贯彻《规划》作为当前和长远的重要任务，列入重要工作日程。各单位主要负责人及领导班子要率先吃透《规划》精神，领会《规划》实质，把握《规划》要求，确保学习宣贯活动不断深入开展。

二、认真制定具体落实方案,把《规划》各项要求落到实处

各单位要认真做好《规划》的贯彻实施工作。一是要配合省级人民政府把《规划》的贯彻落实纳入到当地国民经济和社会发展规划中,配合研究制定支持计量发展的政策措施。二是要按照《规划》精神和要求,结合各地工作实际,分阶段、分项目、分职责,认真研究制定贯彻落实《规划》的具体实施方案或实施意见,有条件的地方也可制定本地区的计量发展规划。三是要加强与相关部门的协调配合,建立本地区的《规划》实施协调联系机制,共同推进《规划》各项任务的落实。

三、分阶段分目标做好《规划》的宣传工作

对《规划》的宣传,既要有近期安排,也要有长期计划。各单位要制定《规划》宣传工作方案,明确宣传进度、宣传方式和宣传目标,推动宣传工作扎实有效开展。2013 年对《规划》的宣传要分三个阶段进行:

第一阶段:4 月份,以广泛宣传为主,充分发挥报刊、杂志、广播、电视、网络等新闻媒体的作用,重点宣传《规划》发布的背景、意义和主要内容。

第二阶段:5 月 20 日前后,结合世界计量日,集中开展《规划》宣传活动,既要通过部门座谈会、高层访谈等形式向各级政府及有关部门进行宣传,也要通过开展计量免费咨询与服务、开放计量实验室等活动加大对社会公众的宣传,不断提高计量的社会认知度和影响力。

第三阶段:下半年,深入学习宣传阶段。要通过各类学习班、培训班、知识问答、知识竞赛等形式,深入学习和宣传《规划》,并结合实际工作开展情况,不断把《规划》的宣传引向深入。

四、深入各层面做好《规划》的学习宣传工作

计量工作涉及社会发展的各个领域，《规划》的内容也涉及社会发展的各个方面，要针对不同层面开展不同形式的宣传。

一是要做好对地方各级人民政府及相关行业主管部门的汇报宣传。落实《规划》是各级人民政府、各有关部门的共同任务。各单位要主动向上级政府部门汇报，加强与有关部门的沟通，积极争取他们的支持和配合，增强做好《规划》的自觉性和主动性。

二是要做好对计量技术机构的宣传。《规划》对提升计量技术机构能力以及如何发挥计量技术机构的支撑保障作用提出了明确要求。要加大对计量技术机构的宣传，使其进一步找准工作方向，摆正工作位置，明确工作目标，提高工作能力和水平，增强做好计量工作的信心和决心。

三是要做好对企(事)业单位的宣传。《规划》对企(事)业单位计量发展提出了明确要求，指明了发展方向。要通过对企(事)业单位的宣传，增强对计量工作重要性的认识，促进企(事)业单位计量技术水平和管理能力的不断提高。

四是要做好对社会大众的宣传。《规划》对民生计量工作、诚信计量体系建设等都提出了明确要求，这些要求与人民群众切身利益紧密相关。要不断加大对社会大众的宣传，增进人民群众对计量的了解和认识，努力营造良好的计量环境和氛围。

五、把握宣传方式，增强宣传效果

各单位要不断创新《规划》的宣传方式，把《规划》的学习宣传与党的十八大精神和两会重要精神结合起来，与各地经济社会发展和政府工作重点结合起来，与贯彻实施“抓质量、保安全、促发展、强质检”的工作方针结合起来，努力提高《规划》宣传的地位和作用。同时，要把《规划》的宣传与日常计量工作宣传结合起来，与5·20世界计量日主题宣传结合起来，不断增强计量宣传的实用

性、趣味性和有效性。要充分发挥各有关部门、有关单位以及社会团体等各方面的作用,不断创新宣传形式,增强宣传效果。

六、有关要求

(一)各单位要充分认识《规划》的宣传贯彻是一项长期工作,要按照责任分工,周密部署,认真落实;要专人负责,并给予一定的经费支持,形成有力的工作支撑;要加强督促检查,及时总结经验,促进各项学习宣传和贯彻落实工作真正取得实效。

(二)各单位要及时将《规划》的学习宣贯计划、任务分解和实施方案等情况上报总局,并定期将贯彻落实情况、存在的问题和建议,以及典型经验和做法等情况一并报送总局。总局将及时进行汇总并予以通报。

联系人:吴　泓,电话:82262861

朱美娜,电话:82261838

邮箱:jls@aqsiq.gov.cn

附件:《计量发展规划(2013—2020年)》宣传提纲

质检总局

2013年4月15日

附件

《计量发展规划(2013—2020年)》宣传提纲

一、《计量发展规划(2013—2020年)》编制背景

《中华人民共和国计量法实施细则》第三条规定:"国家有计划地发展计量事业,用现代计量技术装备各级计量检定机构,为社会主义现代化建设服务,为工农业生产、国防建设、科学实验、国内外贸易以及人民的健康、安全提供计量保证,维护国家和人民的利益"。2011年5月20日,王岐山副总理在视察中国计量科学研究院时指出:"伴随着科技的飞速发展和全球经济一体化,计量工作越来越重要,要求越来越高,必须从战略和全局高度抓好这项基础性工作"。"计量是推动科技创新、加快经济发展、促进社会进步、保障国家安全和提高人民生活质量的重要技术支撑。面对新形势,计量工作要与时俱进,紧紧围绕科学发展的主题、加快转变经济发展方式的主线,加强战略性新兴产业、节能降耗减排、产品质量和食品安全等领域的计量基础研究,建立和完善计量基准、标准、法律法规和监管体系。要借鉴国际先进经验,积极参与国际计量交流与合作,增强在国际上的话语权"。为进一步落实《计量法》的内容和国务院有关领导的批示精神,总局提出制定《计量发展规划(2013—2020年)》(以下简称《规划》)。

二、《规划》编制的必要性

计量是实现单位统一、保证量值准确可靠的活动。计量是国家质量基础设施的重要支柱,是推动科技创新、提高产品质量、加强国防建设的重要技术基础,是促进经济发展、维护市场经济秩

序、保证人民生命健康安全、实现国际贸易一体化和促进社会和谐的重要技术保障。计量发展水平是国家核心竞争力的重要标志之一,在一定程度上反映了国家科学技术和经济发展水平。国务院提出:计量关系国计民生。

党和国家一直高度重视计量工作。新中国成立后,国家制定了一系列的政策措施,初步形成了具有中国特色的计量发展与计量管理制度。特别是1985年《中华人民共和国计量法》公布后,计量事业更是取得长足发展,在经济社会发展中的作用日益增强。但是随着我国社会经济的不断发展、人民生活水平的日益提高以及世界经济全球化进程的快速深入,我国的计量体系出现了一些明显的问题和不适应的情况:如国家新一代计量基准持续研究能力不足,不能完全满足“科学要发展,计量须先行”的需求;量子计量基准相关研究还处于艰难的攻坚阶段,与发达国家还有很大差距;社会公用计量标准建设迟缓,部分领域量传溯源能力仍存在空白;法律法规和监管体制滞后于社会主义市场经济发展需要,监管手段不完备,计量人才特别是高精尖人才缺乏,不能满足计量发展对人才的需求。

同时,本世纪第二个十年,是我国全面建成小康社会、加快推进社会主义现代化建设的关键时期,是深化改革开放、加快转变经济发展方式的攻坚时期。计量发展面临新的机遇和挑战。夯实计量基础、完善计量体系、提升计量整体水平已成为提高国家科技创新能力、增强国家综合实力、促进经济社会又好又快发展的必然要求。因此,必须科学规划计量发展方向,明确计量发展目标,营造有利于计量发展的良好环境,尽快解决计量工作中存在的突出问题,加快提升国家计量基标准体系、量传溯源体系和计量监管体系水平,为全面建成小康社会、加快推进社会主义现代化建设、推动经济社会转型发展以及加强国防建设、促进国际贸易一体化提供强有力的计量基础支撑和计量技术保障。

三、《规划》的指导思想、基本原则和发展目标

（一）指导思想。

《规划》的指导思想为：高举中国特色社会主义伟大旗帜，以邓小平理论、“三个代表”重要思想、科学发展观为指导，突出基础建设、法制建设和人才队伍建设，加强基础前沿和应用型计量测试技术研究，统筹规划国家计量基标准和社会公用计量标准发展，进一步完善量传溯源体系、计量监管和诚信计量体系，为推动科技进步、促进经济社会发展和国防建设提供重要的技术基础和技术保障。

（二）基本原则。

《规划》确定了计量发展的基本原则共 24 个字：突出重点，夯实基础；统筹兼顾，服务发展；完善法制，依法监管。这 24 个字的基本原则也是计量工作的基本原则，分别涉及科学技术、经济社会和法制监管三个领域，与发展目标相对应，也与后面的三大主要部分：加强计量科技基础研究、加强计量服务与保障能力建设、加强计量监督管理相对应。

（三）发展目标。

到 2020 年，《规划》提出三个“更加”的发展目标：计量科技基础更加坚实，量传溯源体系更加完善，计量法制建设更加健全。针对这三个方面也分别提出了发展方向和发展目标，并在专栏 1 中列出八个量化指标：

1. 完成《计量法》修订。

现行的《计量法》是 1985 年制定，主要结合当时社会主义计划经济现状和发展，有一定的历史局限性。随着社会主义市场经济的建立、完善和发展，现行《计量法》确立的计量管理制度已不能完全适应社会主义市场经济发展要求，在个别领域已成为影响社会主义市场经济发展的瓶颈。必须尽快完成《计量法》修订。

2. 国家主要计量基标准、标准物质和量值传递溯源体系覆盖

率达到95%以上。

计量基标准、标准物质以及全国量值传递溯源体系建设情况，直接反映了计量引领科技进步、服务社会经济发展以及支撑国防建设、促进社会和谐的能力和水平。目前，国家主要计量基标准、标准物质和量值传递溯源体系覆盖率不足60%。考虑到社会发展及计量的基础保障作用，同时考虑到经济全球化进程的加快发展等因素，提出：到2020年，国家主要计量基标准、标准物质和量值传递溯源体系覆盖率达到95%以上，这样才能基本满足科技进步、社会发展以及国防建设的需要。

3. 国家一级标准物质数量增长100%，国家二级标准物质品种增加100%。

目前，我国共有国家一级标准物质2300多个，国家二级标准物质4700多种。随着社会的发展，对标准物质的需求量在逐渐增大，必须扩大标准物质的覆盖范围，加快标准物质研制，增加标准物质的品种和数量。

4. 国家计量基准实现国际等效的比例达到85%以上。

国家计量基准的国际等效程度反映一个国家在国际计量领域的能力和水平。目前，我国的计量基准实现国际等效的项目约占总项目数的50%。近几年来，我国加大计量基础研究力度，计量前沿基础研究取得了突破性进展。提出到2020年达到85%的目标，这样才能使我国的计量基准水平进入世界发达国家行列，才能更好地为国际贸易发展服务。

5. 得到国际承认的国家测量校准能力达到1400项以上，其中90%以上达到国际先进水平。

到"十一五"末，我国取得国际承认的国家测量校准能力为857项，近几年来每年都有20多项参加国际比对，并能取得较好的成绩。为促进国际经济一体化进行，国际计量组织加大了国际计量比对力度，我国也必须加强国际计量比对工作，积极参与国际计量同行评审，以便能很好地为打破技术性贸易壁垒、促进国际贸易服务。提出到2020年达到1400项以上，其中90%以上达到国际先进水平，这样才能更好地满足支撑国际经济一体化发展的需要。

6. 国家重点管理计量器具受检率达到95%以上。

加强对贸易结算、安全防护、医疗卫生、环境监测等重点领域计量器具的监督管理是保障人民身体健康、维护正常社会市场经济秩序、支持社会发展的重要基础手段。重点管理的计量器具主要有九类，包括：电子计价秤、出租车计价器、加油机、水表、煤气表、电表、热量表、甲烷测定仪、粉尘采样器。目前国家重点管理的计量器具受检率为90%，主要考虑到农村城镇化发展速度以及集贸市场电子计价秤“四统一”工作等，提出到2020年达到95%的目标。

7. 在全国范围内引导并培育10万家诚信计量示范单位。

引导并培育诚信计量示范单位是推进诚信计量体系建设，促进社会诚信计量的重要手段。近几年来，国家通过开展“四走进”、“计量惠民”等活动，在集贸市场、医院、眼镜店等引导和培育了4万家诚信计量示范单位，取得了较好的社会效果。在今后的诚信计量工作中，将加大诚信计量体系建设，促进诚信计量示范工作，到2020年引导并培育10万家诚信计量示范单位，在全社会初步形成诚信计量氛围。

8. 实现万家重点耗能企业能源计量数据实时、在线采集。

推进重点耗能企业能源计量数据实时、在线采集是推进重点耗能企业能源计量管理，提高能源计量水平，促进企业实现节能降耗增效的重要手段。近几年来，特别是新《节约能源法》出台后，国家加大能源管理力度，加大节能量化考核工作，计量在节能减排中的地位和作用更加突显，重点耗能企业也纷纷建立起能源计量控制中心，为实现重点耗能企业能源计量数据实时、在线采集提供了计量技术基础。国家提出了万家重点耗能企业的节能降耗目标。为配合此项重点工程的开展，为国家掌握准确、可靠的能源消耗数据，必须对这些重点耗能企业的能源计量数据实现实时、在线采集，以推动和促进重点耗能企业的节能减排工作。

四、夯实计量技术基础

计量发展是以计量技术发展为基础、为前提的。因此《规划》提出要加强计量技术基础研究，主要包括“四个方面研究”和围绕科学研究要开展的“四项工作”。

“四个方面研究”包括：

1. 计量科技基础及国家计量基标准研究，提升计量前沿、尖端测试技术水平；

2. 标准物质研究和研制，扩大国家标准物质覆盖面；

3. 实用型、新型和专用计量测试技术研究，填补相关领域计量测试技术空白；

4. 量传溯源所需技术和方法研究，完善国家量值传递和溯源体系。

围绕科学研究要开展的“四项工作”包括：

1. 推进计量科技创新，建设“检学研”相结合的计量技术创新体系；

2. 加快科技成果转化，促进计量科研成果广泛应用；

3. 积极参与计量国际比对，在提高我国计量测试水平的基础上增加国际影响力；

4. 加快制修订计量技术规范，确保全国量值的统一和准确可靠。

五、提升计量服务和保障能力

计量科研的目的是应用。把计量技术有效应用到社会发展中，计量科研才有意义，才有价值。《规划》在八个方面提出要提升计量的技术服务和保障能力：

一是通过科学规划全国量传溯源体系，提升量值溯源体系的服务与保障能力；

二是完善国家计量科技基础服务平台(基地),提升服务科技进步能力;

三是构建国家产业计量测试服务体系,提升服务国家高技术产业、战略性新兴产业和现代服务业的能力;

四是构建区域发展计量支撑体系,提升服务区域经济发展的能力;

五是构建国家能源资源计量服务体系,提升服务国家节能减排和建设生态文明的能力;

六是加强企业计量检测和管理体系建设,提升服务保障质量和提升效益的能力;

七是加强与国防相关计量工作,提升支撑国防建设的能力;

八是加强国际计量交流合作,提升服务对外贸易稳定增长的能力。

六、加强计量监督管理

《规划》中的计量监督管理部分包括七个方面的内容:

一是加强计量法律法规体系,使计量法律更加健全,让计量工作有法可依;

二是加强计量监管体系建设,完善计量监管手段,提高计量监管效率;

三是推进诚信计量体系建设,开展诚信计量承诺,构建良好的诚信计量环境;

四是强化民生计量监管,推进计量惠民工程,让计量促进社会和谐;

五是强化能源资源计量监管,强调用能单位主体责任,推进用能单位节能减排;

六是强化安全计量监管,建立计量预警机制,提升处理计量突发事件的水平;

七是严厉打击计量违法违规行为,保护公民的合法权益。

七、保障措施

为保障规划的贯彻落实,《规划》提出了四个方面的保障措施:

一是加强组织领导。《规划》要求各级人民政府高度重视计量工作,要把计量发展规划纳入到国民经济社会发展规划中,要及时研究制定支持计量发展的政策措施。《规划》还要求各部门、各行业、各单位要按照规划要求,组织编制实施方案,分解细化目标,落实相关责任,确保规划提出的各项任务完成。

二是加大投入力度。《规划》要求各级人民政府要增加对公益性计量技术机构的投入;要求各有关部门制定相应的价格、投资、财政、科技和人才支持政策;要增加强制检定所需计量检定设备投入,完善基层计量执法手段等。

三是加强队伍建设。《规划》要求着力培养具有世界科技前沿水平的高级专家、高层次领军人才;要重视青年科技人才培养;要完善计量人才培养机制和计量相关职业资格制度建设;要构建"度万物、量天地、衡公平"的计量文化体系;要加大计量宣传工作。

四是强化评估考核。《规划》要求各级人民政府和各有关部门要建立落实规划的工作责任制,要按照职责分工,对规划的实施情况进行检查考核;要对规划实施情况开展中期评估和最终实施总体情况评价;要对规划实施过程中取得突出成绩的单位和个人进行表彰奖励。

导论和基本概念

1. 为什么要制定《计量发展规划(2013—2020年)》(以下简称《规划》)?

计量是实现单位统一、保证量值准确可靠的活动。计量关系国计民生。计量是推动科技创新、提高产品质量、加强国防建设的重要技术基础,是促进经济发展、维护市场经济秩序、保证人民生命健康安全、实现国际贸易一体化和促进社会和谐的重要技术保障。计量是国家质量基础设施的重要支柱,计量发展水平是国家核心竞争力的重要标志之一,在一定程度上反映了国家科学技术和经济发展水平。

党和国家一直高度重视计量工作。新中国成立后,国家制定了一系列的政策措施,初步形成了具有中国特色的计量发展与计量管理制度。特别是1985年《中华人民共和国计量法》(以下简称《计量法》)公布后,计量事业更是取得长足发展,在经济社会发展中的作用日益增强。但是随着我国社会经济的发展、人民生活水平的日益提高以及世界经济全球化进程的深入,我国的计量体系出现了一些明显的问题和不适应的情况:如国家新一代计量基准持续研究能力不足,不能完全满足“科学要发展,计量须先行”的需求;量子计量基准相关研究还处于艰难的攻坚阶段,与发达国家还有很大差距;社会公用计量标准建设迟缓,部分领域量传溯源能力仍存在空白;法律法规和监管体制滞后于社会主义市场经济发展需要，监管手段不完备，计量人才特别是高精尖人才缺乏，不能满足计量发展对人才的需求。

同时，本世纪第二个十年，是我国全面建成小康社会、加快推进社会主义现代化建设的关键时期，是深化改革开放、加快转变经济发展方式的攻坚时期。计量发展面临新的机遇和挑战。夯实计量基础、完善计量体系、提升计量整体水平已成为提高国家科技创新能力、增强国家综合实力、促进经济社会又好又快发展的必然要求。因此，必须科学规划计量发展方向，明确计量发展目标，营造有利于计量发展的良好环境，尽快解决计量工作中存在的突出问题，加快提升国家计量基标准体系、量传溯源体系和计量监管体系水平，为全面建成小康社会、加快推进社会主义现代化建设、推动经济社会转型发展以及加强国防建设、促进国际贸易一体化提供强有力的计量基础支撑和计量技术保障。

2. 为什么将《规划》的期限设定到2020年？

党的十八大提出到2020年实现全面建成小康社会宏伟目标，因此20世纪第二个十年，是我国全面建成小康社会、加快推进社会主义现代化建设的关键时期，是深化改革开放、加快转变经济发展方式的攻坚时期。为全面建成小康社会计量发展面临新的机遇和挑战，夯实计量基础、完善计量体系、提升计量整体水平已成为提高国家科技创新能力、增强国家综合实力、促进经济社会又好又快发展的必然要求。《规划》是贯彻落实党的“十八大”精神的重要举措，考虑与实现全面建成小康社会的奋斗目标相呼应，故《规划》的期限设定到2020年。

3. 《规划》是如何编制的？

国家质检总局党组高度重视《规划》的编制工作，成立了由蒲长城副局长为组长的“编制工作领导小组”。收集了大量国内外参考资料，并开展了专题调研工作，为编制《规划》提供基础素材；先后召开了十几次编制工作会议，对《规划》的编制以及《规划》中的具体问题进行专题研究；组织召开了三次部门、行业和中央有关企业座谈会，听取对《规划》的意见。2012 年 9 月 21 日，国家发展改革委和国家质检总局联合召开了由 6 名院士以及 3 名教授参加的专家论证会。与会专家一致同意通过该《规划》的论证。国务院办公厅对《规划》作了进一步修改完善，并再次征求了国家发改委、国家质检总局等五个部门意见。2013 年 3 月 2 日国务院以国发〔2013〕10 号文件印发了《计量发展规划(2013—2020 年)》。

4.《规划》的框架结构是怎么样的？

《规划》全文共分为六个部分：

第一部分：“发展现状与形势”；第二部分：“指导思想、基本原则和发展目标”；第三部分：“加强计量科技基础研究”；第四部分：“加强计量服务与保障能力建设”；第五部分：“加强计量监督管理”；第六部分：“保障措施”。

5. 为什么说计量关系国计民生？

从人们的日常生活，社会的经济活动，国防建设到最尖端的科学和高新技术领域，计量无处不在。伴随着科技的飞速发展和全球经济一体化，计量工作越来越重要。计量已成为推动科技创新、加快经济发展、促进社会进步、保障国家安全和提高人民生活质量的重要技术支撑，在节能减排、质量安全、社会诚信、航空航天、环境保护等众多领域起着越来越重要的作用。因此，可以说计量关系国计民生。

6. 为什么说计量发展水平是国家核心竞争力的重要标志之一？

国家核心竞争力是指国家在国际竞争中赢得胜机的超常发展能力，也就是国家更多、更快、更省、可持续地创造财富的能力。构成国家核心竞争力的要素很多，其中：科学技术水平、企业规模和生产能力、产业集聚发展程度、国际经济交往以及国家军事力量等是其中最为重要的、起决定性作用的因素。而计量是这些重要因素的技术基础和技术保障，计量发展水平在一定程度上决定着这些主要因素的素质、能力和水平，因此最终反映了国家核心竞争力的水平。

7. 如何理解计量是现代工业的三大支柱之一？

计量是现代工业发展的技术基础，计量测试工作是整个工业企业素质和管理现代化最基本的条件。计量是实现集约化生产的重要技术基础，是实现物料核算，降低成本、提高产品质量的重要手段，是科学利用能源的基本条件，是安全生产和环境监测的必要保证。没有计量，就无法检测产品是否合格；没有计量，就无法实现生产工艺的过程控制；没有计量，就无法进行成本核算，就无法实现企业提高效益。计量是现代化工业发展的眼睛，是支柱。工业发达国家，把原材料、计量和合格评定作为现代工业的三大支柱。

8. 什么是计量？

计量是实现单位统一、保证量值准确可靠的活动。

计量具有准确性、一致性、溯源性和法制性四个方面的特点。计量活动涉及社会的各个方面。按计量的社会功能，可分为法制计量、科学计量和工业计量（又称工程计量）。

9. 计量学的定义及研究的主要方向是什么？

计量学是测量及其应用的科学。计量学是在研究各种物理量测量技术的基础上发展起来的学科，它的理论基础是物理学和数学。随着科学技术的发展，计量学成为一门研究测量理论和实践的综合性学科，它和物理学的各分支学科、化学、天文学、生物学、环境科学等学科紧密结合。计量学研究的主要方向有：

(1) 计量（测量）单位和单位制；

(2) 计量基准、计量标准的建立、复现、保存和使用；

(3) 测量仪器的特性和测量方法；

(4) 测量不确定度和误差理论的实际应用；

(5) 基本物理常数、标准物质、材料特性等的有关理论和测量；

(6) 测量理论和实践问题。

10. 什么是计量器具？

计量器具也称测量仪器，是单独或与一个或多个辅助设备组合，用于进行测量的装置。它是用来测量并能得到被测对象量值的一种技术工具或装置。为了达到测量的预定要求，测量仪器必须具有符合规范要求的计量学特性，特别是测量仪器的准确度必须符合规定要求。

11. 什么是计量基准？

计量基准，又称为国家计量基准，它是经国家决定承认，在一个国家内作为对有关量的其他测量标准定值的依据。

计量基准体现了一个国家的科学计量水平。在给定的计量领域中,所有计量器具进行的一切测量均可追溯到计量基准所复现或保存的计量单位量值,从而保证这些测量结果准确可靠和具有实际的可比性。计量基准无一例外地处在全国传递计量单位量值的最高或起始的位置,也是全国计量单位量值溯源的终点。

我国《计量基准管理办法》规定,计量基准必须经国务院计量行政部门批准并颁发《计量基准证书》后,方可正式使用。根据需要,它可以代表国家参加国际比对,使量值与国际计量基准保持一致。

12. 什么是计量标准?

计量标准是指准确度低于计量基准、用于检定或校准其他计量标准或工作计量器具的测量标准。

通常,计量标准的准确度应高于被检定或校准的计量器具的准确度。凡不用于量值传递或量值溯源而只用于日常测量的计量器具,不管其准确度有多高都称为工作计量器具,不能称之为计量标准。

我国的计量标准,按其法律地位、使用和管辖范围的不同,分为社会公用计量标准、部门计量标准和企事业单位计量标准三类。为了使各项计量标准能在正常技术状态下进行量值传递,保证量值的溯源性,《计量法》规定凡建立社会公用计量标准、部门和企事业单位最高计量标准,必须依法考核合格后,才有资格开展量值传递。

13. 什么是社会公用计量标准?

社会公用计量标准是指县级以上人民政府计量行政部门组建的,作为统一本地区量值的依据,并对社会实施计量监督具有公证作用的各项计量标准。

14. 什么是标准物质？

标准物质是具有一种或多种足够均匀和很好地确定了的特性，用以校准测量装置、评价测量方法或给材料赋值的一种材料或物质。标准物质在国际上又称为参考物质。标准物质可以是纯的或混合的气体、液体或固体。

按照《中华人民共和国计量法实施细则》的规定，用于统一量值的标准物质属于计量器具的范畴。我国纳入依法管理的标准物质也称为有证标准物质。有证标准物质是指附有证书的标准物质，其一种或多种特性值用建立了溯源性的程序确定，使之可溯源到准确复现的表示该特性值的测量单位，每一种出证的特性值都附有给定置信水平的不确定度。

国务院计量行政部门对批准的标准物质核发《标准物质定级鉴定证书》和《制造计量器具许可证》。

15. 什么是标准物质的定值、分离纯化？

标准物质的定值是“对与标准物质预期用途有关的一个或多个物理、化学、生物或工程技术等方面的特性值的测定”。

标准物质作为一种计量器具，具有保存、复现和传递量值的功能。而标准物质的特性值是否在不同的时间和空间上具有可比性和可靠性，取决于这一标准物质的定值测量是否建立了溯源性。定值测量是给标准物质赋值的过程，也是标准物质认定过程中的一个关键环节。

分离是利用混合物中各组分在物理性质或化学性质上的差异，通过适当的装置或方法，使各组分分配至不同的空间区域或在不同的时间依次分配至同一空间区域的过程。

分离的形式主要有两种：一种是组分离；另一种是单一物质的

分离。组分离有时也称为族分离，它是将性质相近的一类组分从复杂的混合物体系中分离出来。例如，石油炼制过程中将轻油和重油等一类物质进行分离就属于族分离。单一物质的分离是将某种物质以纯物质的形式从混合物中分离出来，比如从乳酸发酵液中获得纯度较高的乳酸，以及生物制药中从混合物中获得特定的目标物等都属于这一类。

16. 什么是量传溯源？

量传溯源是量值传递和量值溯源的简称。量值传递指通过对测量仪器的校准或检定，将国家测量标准所实现的单位量值通过各等级的测量标准传递到工作测量仪器的活动，以保证测量所得的量值准确一致。量值溯源是量值传递的逆过程。

17. 什么是溯源性？

溯源性是指通过文件规定的不间断的校准链，测量结果与参照对象联系起来的特性，校准链中的每项校准均会引入测量不确定度。

18. 什么是单位制？

单位制又称计量单位制，是指“对于给定量制的一组基本单位、导出单位、其倍数单位和分数单位及使用这些单位的规则”。同一个量制可以有不同的单位制，因基本单位选取的不同，单位制也就不一样。如力学量制中基本量是长度、质量和时间，而基本单位可选用长度为米、质量为千克、时间为秒，则叫它为米·千克·秒制(MKS制)。若长度单位采用厘米、质量用克、时间用秒，则叫它为厘米·克·秒制(CGS制)。还有米·千克力·秒制(MKGFS

制)、米·吨·秒制(MTS制)等。我们最常用的是国际单位制。

19. 国际单位制如何构成?

国际单位制(SI)由SI基本单位(7个)和SI导出单位及SI单位的倍数单位和分数单位构成。SI导出单位包括两部分:SI辅助单位在内的具有专门名称的SI导出单位(21个)和组合形式的SI导出单位。SI单位的倍数单位和分数单位由SI词头(从10^{-24}～10^{24}共20个)与SI单位(包括SI基本单位和SI导出单位)构成。

20. 国际单位制中的基本量和基本单位有哪些?

国际单位制选择了彼此独立的7个量作为基本量,即长度、质量、时间、电流、热力学温度、物质的量和发光强度。对每一个量分别定义了一个单位,称为国际单位制的基本单位,即:长度单位:米;时间单位:秒;质量单位:千克;电流单位:安培;热力学温度:开尔文;物质的量:摩尔;光强单位:坎德拉。

21. 什么是法定计量单位?

《计量法》规定:"国家实行法定计量单位制度。""国际单位制计量单位和国家选定的其他计量单位为国家法定计量单位。"法定计量单位是指"国家法律、法规规定使用的计量单位",也就是由国家以法令形式规定强制使用或允许使用的计量单位。我国的法定计量单位是在1984年2月27日由国务院发布的,即《国务院关于在我国统一实行法定计量单位的命令》。我国法定计量单位在《计量法》中已作出了规定,并以政府令发布,因此无论是哪个部门、哪个单位、哪个人,只要在中国境内,都必须贯彻执行。

22. 统一实行法定计量单位的意义是什么?

(1) 统一实行法定计量单位是统一我国计量制度的重要决策

一个国家使用什么样的计量单位,是这个国家的主权,完全由它的政府来决定。但各个国家所使用的计量单位,都毫无例外地尽量要求统一。新中国成立以后,我国在统一计量单位制方面做了大量工作。1959年6月25日,国务院发布《关于统一计量单位制度的命令》,确定以公制(即米制)为我国的基本计量制度。1977年5月27日国务院颁布的《中华人民共和国计量管理条例(试行)》也明确规定要逐步采用国际单位制。统一计量单位制,可以避免由于多种单位制并用而引起的混乱和不必要的换算,节省大量的人力、物力和财力,促进经济发展和社会进步。

(2) 统一实行法定计量单位是改革开放的需要

随着我国经济的迅速发展和改革开放政策的实施,以及参加WTO的需要,在国际上已广泛采用国际单位制的情况下,统一实行法定计量单位,可以促进与世界各国的经济交流,促进我国对外贸易发展,也为打破技术性贸易壁垒提供技术基础。

23. 我国的法定计量单位有哪些?

《计量法》规定,我国的法定计量单位由国际单位制计量单位和国家选定的其他计量单位组成。包括:

(1) 国际单位制的基本单位;

(2) 国际单位制的辅助单位;

(3) 国际单位制中具有专门名称的导出单位;

(4) 国家选定的非国际单位制单位;

(5) 由以上单位构成的组合形式的单位;

(6) 由国际单位制词头和以上单位所构成的进倍数单位和分数单位。

24. 什么是量值?

量值全称量的值,简称值。用数和参照对象一起表示的量的大小。参照对象可以是一个测量单位、测量程序、标准物质或其组合。根据参照对象的类型,量值可表示为:一个数和一个测量单位的乘积(如给定物体的质量:0.152kg 或 152g);量纲为一,测量单位1,通常不表示(如给定样品的折射率:1.52);一个数和一个作为参照对象的测量程序[如给定样品的洛氏C标尺硬度(150 kg 负荷下):43.5HRC(150kg)];一个数和一个标准物质[如在给定血浆样本中任意镥亲菌素的物质的量浓度(世界卫生组织国际标准 80/552):50 国际单位/I]。

25. 什么是计量比对?

计量比对是在规定条件下,对相同准确度等级或指定不确定度范围的同种测量仪器复现的量值之间比较的过程。

26. 什么是国际比对?

国际比对是各国国家测量标准之间所进行的双边或多边的计量比对,以及一国或多国国家测量标准与国际计量局保存的国际测量标准之间所进行的比对,目的是使不同国家的国家测量标准所保存的同一单位量值取得等效一致。

27. 什么是计量检定?

计量检定是指查明和确认计量器具符合法定要求的活动,它包括检查、加标记和/或出具检定证书。

28. 什么是计量校准?

计量校准是在规定条件下的一组操作,其第一步是确定由测量标准提供的量值与相应示值之间的关系,第二步则是用此信息确定由示值获得测量结果的关系,这里测量标准提供的量值与相应示值都具有测量不确定度。

通常,只把上述定义中的第一步认为是校准。校准可以用文字说明、校准函数、校准图、校准曲线或校准表格的形式表示。某些情况下,可以包含示值的具有测量不确定度的修正值或修正因子。

29. 校准测量能力指的是什么?

按照国际计量委员会(CIPM)和国际实验室认可合作组织(ILAC)的联合声明,对校准和测量能力采用以下定义:校准和测量能力(CMC)是校准实验室在常规条件下能够提供给客户的校准和测量能力。为此校准和测量能力应是在常规条件下的校准中可获得的最小测量不确定度。通常用包含因子 k 为 2 或包含概率 p 为 0.95 的扩展不确定度表示。有时也称为最佳测量能力。

30. 量子计量基准有哪些?

量子计量基准是用量子现象复现量值的计量基准,是量子物理学和计量学相结合的产物。

目前,量子计量基准主要有长度单位米的量子计量基准、时间单位秒的量子计量基准、电单位中电阻的量子计量基准、电压的量子计量基准等。

31. 计量技术法规有哪些？

计量技术法规包括国家计量检定系统表、计量检定规程和计量技术规范。它们是正确进行量值传递、量值溯源，确保计量基准、计量标准所测出的量值准确可靠，以及实施计量法制管理的重要手段和条件。

32. 什么是国家计量检定系统表？

国家计量检定系统表是国家对量值传递的程序做出规定的法定性技术文件。《计量法》第十条规定："计量检定必须按照国家计量检定系统表进行。国家计量检定系统表由国务院计量行政部门制定。"这就确立了检定系统表的法律地位。国家计量检定系统表采用框图结合文字的形式，规定了国家计量基准的主要计量特性、从计量基准通过计量标准向工作计量器具进行量值传递的程序和方法、计量标准复现和保存量值的不确定度以及工作计量器具的最大允许误差等。

制定国家计量检定系统表的目的在于把实际用于测量工作的计量器具的量值和国家计量基准所复现的单位量值联系起来，以保证工作计量器具应具备的准确度。国家计量检定系统表所提供的检定途径应是科学、合理、经济的。

33. 什么是计量检定规程？

计量检定规程是为评定计量器具的计量特性，规定了计量性能法制计量控制要求、检定条件和检定方法以及检定周期等内容，并对计量器具作出合格与否的判定的计量技术法规。《计量法》第十条规定："计量检定必须执行计量检定规程。国家计量检定规程由国务院计量行政部门制定。没有国家计量检定规程的,由国务院有关主管部门和省、自治区、直辖市人民政府计量行政部门分别制定部门计量检定规程和地方计量检定规程,并向国务院计量行政部门备案。"这就确立了计量检定规程的法律地位。

34. 什么是计量技术规范?

计量技术规范是指国家计量检定系统表、计量检定规程所不能包含的,计量工作中具有综合性、基础性并涉及计量管理的技术文件和用于计量校准的技术规范。计量技术规范在科学计量发展、计量技术管理、实现溯源性等方面提供了统一的指导性的规范和方法,也是计量技术法规体系的组成部分。

计量技术规范一般包括通用计量技术规范、专用计量校准规范和计量器具型式评价大纲。

35. 什么是型式评价?

型式评价是根据文件要求对测量仪器指定型式的一个或多个样品性能所进行的系统检查和试验,并将其结果写入型式评价报告中,以确定是否可对该型式予以批准。

36. 什么是国际建议?

国际建议是国际法制计量组织的出版物之一,它是针对某种计量器具的典型的推荐性技术法规。内容包括对计量器具的计量要求,技术要求和管理要求,以及核定方法、核定用设备、误差处理等。从1990年起,为了推广国际法制计量组织(OIML)证书制度,要求国际建议中以加型式评价试验方法和试验报告格式。

计量发展现状与形势

37. 举例说明我国近几年在基础性、前沿性和共性计量基础研究中有哪些科研成果?

近年来,根据国际计量科技发展趋势,我国开展了国家科技支撑计划"以量子物理为基础的计量基标准建立"等重大和重点项目,包括能量天平质量量子基准研究、可编程约瑟夫森量子电压基准研究、玻耳兹曼常数测量研究、锶原子光晶格钟等 10 个项目。

这些项目难度大、水平高,不少发达国家同类项目尚处在攻坚阶段。这些项目实现了重大理论创新或技术突破,引起了国际计量局、美国 NIST、德国 PTB 等世界权威计量机构的高度关注。"高准确度原子光学频率标准仪的研制与开发"课题取得重大突破,为我国锶原子光晶格钟基准装置的进一步研究奠定了理论和技术基础;"玻耳兹曼常数测量与热力学温度研究"攻克了多项技术难题,取得了国际高水平的测量结果;"冷原子纳米尺度计量基准关键技术研究"填补了我国在纳米计量标准物质方面研究的空白;"可编程约瑟夫森量子电压基准研究"通过课题验收;"能量天平质量量子基准研究"技术验证稳步推进,关键技术研究取得进展。中国计量科学研究院自主研制的"NIM5 可搬运激光冷却-铯原子喷泉时间频率基准"通过了专家鉴定,并在国际上首次实验实现喷泉钟直接驾驭氢钟产生中国计量科学研究院(NIM)原子时。……这些项目成果,使我国第一次有能力实质性地参与国际基本单位的定义,在新学科领域的计量问题上取得发言权。在项目的完成过程中,培养了一批理论和技术水平过硬、具有创新能力的科研团队。

38. 近年来我国计量工作主要取得了哪些成绩?

一是在计量基础研究方面,加强计量前沿技术研究,计量科技成果不断涌现。自1980年到2012年期间,在计量测试领域共获得国家科技进步一等奖5项,二等奖34项,三等奖23项。这些科研成果的出现,都对相关测试领域的技术进步起到重要的引领和促进作用。二是在量传溯源体系建设方面,加强各级计量标准建设,有力支撑经济又好又快发展。到目前为止,全国有计量技术规范3000多件,建立计量标准近10万项、国家标准物质近7000种。三是在服务国家重大工程建设和重大事件方面,开展专用计量测试技术研究,充分发挥计量技术保障作用。“水大流量计量与三峡流量计量研究”解决了三峡电站超声流量计的计量性能评估难题。“能源计量体系研究”解决了能源资源输送过程中测量以及相关计量检测手段的检定与校准等方面的技术问题,“食品中违禁药物(兴奋剂)标准物质研究”、“奥运会场馆电磁环境测试关键技术研究”等,为科技奥运、绿色奥运、人文奥运发挥了重要作用。“液相色谱法测量液态奶中三聚氰胺”的快速检测方法,为保护人民身体健康发挥了重要作用。四是在计量行政管理方面,加强计量监管体系建设,有力保障了人民健康,促进社会和谐。到目前为止,共形成由1部法律、8件行政法规和23件部门规章组成的计量法规监管体系。同时加大计量惠民力度,把计量惠民作为各级政府的重要惠民工程,开展了各式各样的计量惠民活动。

39. 目前我国计量工作中主要存在哪些不足和问题?

目前我国计量工作的基础仍较为薄弱。国家新一代计量基准持续研究能力不足；量子计量基准相关研究尚处于攻坚阶段；社会公用计量标准建设迟缓；部分领域量传溯源能力仍存在空白；法律法规和监管体制滞后于社会主义市场经济发展需要，监管手段不完备；计量人才特别是高精尖人才缺乏。

40. 到2020年，计量将面临什么样的发展机遇和挑战？

世界范围内的计量技术革命将对各领域的测量精度产生深远影响；生命科学、海洋科学、信息科学和空间技术等快速发展，带来巨大计量测试需求；国民经济安全运行以及区域经济协调发展、自然灾害有效防御等领域的量传溯源体系空白需尽快填补；促进经济社会发展、保障人民群众生命健康安全、参与全球经济贸易等，需要不断提高计量检测能力。

41. 目前我国的计量监督管理体制是什么样的？

我国的计量监督管理实行按行政区划统一领导、分级负责的体制。按照有关计量法律法规的规定，国务院计量行政部门对全国计量工作实施统一监督管理。县级以上地方人民政府计量行政部门对本行政区域内的计量工作实施监督管理。县级以上计量行政部门要监督本行政区域内的机关、团体、部队、企事业单位和个人遵守与执行计量法律、法规。中国人民解放军的计量工作，按照《中国人民解放军计量条例》实施。各有关部门设置的计量行政机构，负责监督计量法律、法规在本部门的贯彻实施。

42. 我国量传溯源体系的整体水平如何？

经过多年努力，我国建立形成了相对完整的量传溯源体系，在经济社会发展和国防建设方面发挥了重要作用。但是，随着我国社会经济的高速发展，我国主要在战略性新兴产业、高技术产业以及现代农业等其他经济、社会快速发展的重点领域存在着量传溯源空白。现有量传溯源体系中还存在技术指标、测量范围难以满足需求的情况，现有计量基标准及配套设施在不同程度上存在着老化、自动化程度低的状况，急需进行升级改造。

43. 为什么《规划》将完成计量法修订作为主要量化目标

现行的《计量法》于 1985 年 9 月 6 日经第六届全国人民代表大会第 12 次会议通过，于 1986 年 7 月 1 日起开始实施。现行《计量法》对健全国家计量法制，保证全国计量单位制的统一和量值的准确可靠，促进国民经济的发展起到了重要作用，计量在国民经济中的地位和作用得到了明显加强。但是，随着社会主义市场经济体制的建立和科学技术的发展，出现了一些新情况和新问题，现行《计量法》已滞后于社会主义市场经济发展需要，主要表现在：

(1) 现行《计量法》制定于有计划的商品经济阶段，受到历史的局限性，不可避免地带有计划经济烙印，一些管理制度和方式已不能适应社会主义市场经济发展的需要；

(2) 现行《计量法》及其配套法规侧重于对计量器具的规范和管理，而对消费者普遍关心的测量结果规定相对较少，同时对现实社会中大量存在且迫切需要规范的商品量、服务量的计量管理基本未作规定；

(3) 现行《计量法》的计量处罚力度太小，法律责任过轻，计量违法行为震慑和遏制作用有限；

(4) 现行《计量法》规定的量值传递方式，即单一的检定方式已不能满足社会各领域对量值的溯源需要，目前国际计量界广泛采用和推行的校准制度在我国尚未作出相关规定，致使我国校准市场秩序呈现较为混乱的局面；

(5) 现行《计量法》对国内生产计量器具和国外进口计量器具在管理制度和方式上规定不一致，国内严、进口宽的现象较为严重,不符合 WTO“国民待遇”原则。

(6) 现行《计量法》的一些规定需要与《行政许可法》等相关基本法律及时衔接,对现行《计量法》规定的许可制度加以细化,进一步增强法律的可操作性,为全面实施依法行政提供法律保障。

因此,必须尽快完成《计量法》修订,并根据新修订的《计量法》建立起一套适应现代社会发展的计量管理体系。

44. 计量专业技术人才缺乏主要表现在哪些方面?

计量专业技术人才缺乏主要表现在以下几方面:

(1) 科技人才总量与事业发展不适应。国家投入加大,使基础研究和高技术研究得到了明显的加强,但科技人才队伍的规模和数量,难以适应事业的发展。

(2) 科技领军人才与学科发展不适应。学科发展不平衡,部分专业学科骨干力量薄弱,缺少学术、技术带头人,尤其缺乏多学科交叉型人才和既懂技术又精通管理的复合型人才。

(3) 人才专业结构与重点发展领域不适应。近年来,随着纳米技术、材料科学、食品安全、生物安全、医学计量等重点领域的发展,专业人才的量不足,人才专业结构不能适应重点发展领域的要求。

(4) 人才工作体制机制与人才成长不适应。人才管理体制与运行机制尚不完善,工作机制还不能适应新形势发展要求,以科技需求为导向的人才培养机制尚未完全形成,激励机制、考核评价机制没有形成良性循环,思想观念和管理水平较落后。

45. 为什么说计量是质量的基础?

质量是一组固有特性满足要求的程度,其关键是“满足要求”,这些“要求”必须转化为有指标的特性作为评价、检验和考核的依据。产品的质量和可靠性是设计出来的、制造出来的、也是管理出来的,而表征产品质量和可靠性的参数以及制造过程控制状态的参数或数据是测量设备或测量系统出具的。通常情况下产品的生产过程,基本上是依靠经过准确测量的参数进行比较用以判断所生产的产品的质量和可靠性。计量是产品生产过程中的主要技术手段,原材料检验、生产过程控制、最终产品质量检验,都必须依靠满足要求的计量检测。

国际上一些著名企业都把计量工作放到产品质量保证的重要位置上,ISO 9000族的支持性标准ISO 10012《测量管理体系 测量过程和测量设备的要求》就是企业计量工作的主要依据。ISO 10012强调状态控制,提出了计量确认的概念;强调溯源保证量值准确;强调测量设备及其使用必须满足预定的准确度要求,强调过程控制,突出测量保证思想等等。ISO 10012已将计量扩展到整个测量过程,把它同企业的产品质量和服务密切联系起来,在深度上和广度上有很大的拓展。

46. 生命科学对生物计量发展提出的需求是什么?

生物技术通过探寻生命本质及生长发育、疾病、衰老等奥秘,揭示生命现象的内在规律。生命科学在医药、食品、农业、环保以及能源等工业部门中广泛应用,随之而产生的大量生物医药等生物制品和生物测量对生物计量的发展提出了更高的要求。生物科学的发展主要要求建立核酸、蛋白质、脂质、糖类、细胞、微生物等含量、结构、活性、相对分子质量、序列、结构等各项生物量值及单位的量值溯源传递体系,保证相关测定结果的准确和可比。需要不断扩大生物计量的研究范围,迅速跟上并紧追生命科学在社会生活中的应用发展。

47. 海洋科学对生物计量发展提出的需求是什么?

海洋科学是研究海洋的自然现象、性质及其变化规律,以及与开发利用海洋有关的知识体系。它的研究对象包括海水、溶解和悬浮于海水中的物质、生活于海洋中的生物、海底沉积和海底岩石圈，以及海面上的大气边界层和河口海岸带等。海洋生物学是一门综合性交叉学科，它是研究海洋中生命有机体的起源、分布、形态和结构、进化与演替的特征和生物生命过程的活动规律，探索海洋生物之间和生物与其所处的海洋环境之间的相互作用和相互影响的科学。海洋生物包括海洋细菌、海洋真菌、海洋植物和海洋动物四类。

在国民经济建设和生物产业中，海洋生物学也占有重要地位。海洋生物是人类食品的重要来源，包括食用藻类和海洋动物。海洋生物还可作为工农业和药物原料，如由海藻中提取的琼胶、卡拉胶和褐藻胶，已分别用于食品、酿造、涂料、纺织、造纸和印刷工业；从海洋生物体中提炼出的各种酶和激素、多肽类、多糖类、脂酸等，已用于制作神经毒素、麻醉剂止血剂、降压剂、抗生物质、抗菌素、抗癌物质等海洋生物药物。海洋生物产业的发展中，对生产过程的监控、生物产品的质量控制都需要相关的计量标准。

在海洋环境生物监测、海洋生物种群数量测量、海洋生物物种鉴定等的检测监测中，需要海洋生物学特殊的量值计量基准标准。

48. 计量在人民生活健康中的地位和作用是什么？

计量与人们的身体健康息息相关，身体是否发烧，需要体温计；血压是多少，需要血压计。2003 年“非典”发生后，中国计量科学研究院研制的黑体辐射源检定装置，有效地保障了体温检测的准确可靠，为及时筛选发热人体发挥了重要作用。医用三源是强制管理的计量器具，为诊断疾病提供了重要的检测手段 。另外，检测食品中有毒有害物质，其检测仪器是一种计量器具，为保证检测仪器准确可靠而使用的标准物质也是计量管理的重要内容之一。

49. 计量在农业发展中的地位和作用是什么?

计量科学技术在农业中的应用十分广泛,选种、育种、土壤化验、营养成分的分析、农药剂量与效果等都离不开计量科学技术。在“绿色农业”“物理农业”和“工厂化农业”等特色农业中,借助先进的计量仪器和人工气候等系统,可以实现农业生产环境(如:温度、光照等)、技术(如:营养)的有效控制,保障农产品的生态平衡与食用安全,提高土地利用率和生产力,还能避免自然灾害对农业生产带来的影响。

50. 计量在工业发展中的地位和作用是什么?

计量工作是实现准确测量的基本保障,没有准确可靠的计量,工业生产就无法正常运行。可以说“工业要发展,计量需先行”“没有计量寸步难行。”

凭数据指导生产,监控工艺,检测成品,质量才能真正得到保证。没有准确的计量,就没有可靠的数据,就无法正常控制工艺过程,也就不可能生产出高产优质的产品。质量就是品牌,企业铸品牌,计量是关键。我国在工业生产中要加强计量工作的力度,大力推进工业“节能降耗,污染减排”工程,建立资源节约型和环境友好型企业,走可持续发展道路,确保我国国民经济持续健康发展。

51. 计量在节能减排中的地位和作用是什么?

计量是节能减排的“眼睛”,企业开展节能管理、实现节能减排增效目标、分析能源利用效率,必须建立在准确的用能计量数据基础上。政府掌握节能情况、制定节能政策、实施能源审计,都离不开准确的能源计量数据支撑。计量也是新能源产品研发、生产的重要技术手段，清洁煤技术、新能源汽车、智能电网、新能源规模发电等新能源产业要实现健康快速发展，无论是攻破技术难关，还是大规模工业化生产，都需要计量测试技术优先发展。另外，随着国际社会对“气候危机”的不断关注，国际碳排放交易市场规模的逐步扩大，实现碳交易，也必须依赖先进的计量测试手段，依赖计量测试技术的不断发展。

52. 国家计量体系包括哪些内容？

国家计量体系应包括以下三个主要组成部分，即国家计量法律法规体系、国家计量行政管理体系和国家量传溯源体系。

指导思想、基本原则和发展目标

53. 计量发展的指导思想是什么？

计量发展的指导思想是高举中国特色社会主义伟大旗帜，以邓小平理论、“三个代表”重要思想、科学发展观为指导，突出基础建设、法制建设和人才队伍建设，加强基础前沿和应用型计量测试技术研究，统筹规划国家计量基标准和社会公用计量标准发展，进一步完善量传溯源体系、计量监管和诚信体系，为推动科技进步、促进经济社会发展和国防建设提供重要的技术基础和技术保障。

54. 计量发展的基本原则是什么？

计量发展的基本原则是：

(1) 突出重点，夯实基础。加强计量科学技术基础研究，夯实计量技术基础；加快计量科学技术成果转化，带动科学技术、高技术产业以及企业科研等相关测试领域的发展与创新；加强国家计量基标准和社会公用计量标准建设，满足重点领域、重大工程对计量测试技术的需求。

(2) 统筹兼顾，服务发展。统筹社会计量资源，合理布局国家计量科技创新实验基地以及国家计量基标准和社会公用计量标准等基础建设；统筹计量基础研究和应用计量技术研究，兼顾区域、领域、行业和社会发展需求。

(3) 完善法制,依法监管。完善计量法律法规体系;完善计量监管手段,推进公正执法;完善计量行政监管方式,推进规范执法;强化计量法制理念,推进文明执法。

55. 计量发展主要目标是什么?

针对计量目前存在的突出问题,结合未来发展对计量提出的新需求,分科学技术、法制建设、经济社会发展三个领域提出到2020年的奋斗目标。在科学技术领域:提出"五个一批"的目标,即:攻克一批计量前沿技术,研究建立新的量子计量基准;突破一批关键测试技术,提供先进的计量测试手段;改造一批旧的国家计量基标准,扩大计量测试范围;建立一批新型标准物质,增强监测数据的溯源性、可比性和有效性;建设一批符合要求的计量实验室,计量创新实验基地建设取得跨越式发展。在法制建设领域:提出要完成《计量法》修订,建立责权明确、行为规范、监督有效、保障有力的计量监管体系,建立民生计量、能源资源计量、安全计量等重点领域长效监管机制。在经济和社会发展领域:提出要达到量传溯源体系更加完备,计量支撑能力显著提高,国家科技基础服务平台、国家产业计量测试服务体系、区域发展服务体系、国家能源资源服务体系、企业计量检测和管理体系初步建立。

56. 国家计量基标准、标准物质和量传溯源体系覆盖率目标是什么?

计量基标准、标准物质以及全国量值传递溯源体系建设情况,直接反映了计量对引领科技进步、服务社会经济发展以及支撑国防建设、促进社会和谐的能力和水平。目前,国家主要计量基标准、标准物质和量值传递溯源体系覆盖率偏低。考虑到社会发展及计量的基础保障作用,同时考虑到经济全球化进程的加快发展等因素，提出：到2020年，国家主要计量基标准、标准物质和量值传递溯源体系覆盖率达到95%以上，这样才能基本满足科技进步、社会发展以及国防建设的需要。

57. 标准物质发展目标是什么?

截至2012年底，我国共有国家一级标准物质1899种，国家二级标准物质5331种。随着社会的发展，对标准物质的需求量在逐渐增大，必须扩大标准物质的覆盖范围，加快标准物质的研制，增加标准物质的品种和数量。因此提出到2020年国家一级标准物质数量增长100%，二级标准物质品种增长100%，这样才能基本满足经济社会发展对标准物质的需求。

58. 国家计量基准国际等效现状是什么?《规划》确定的目标是什么?

国家计量基准的国际等效反映一个国家在计量领域的能力和水平。目前，我国的计量基准实现国际等效的项目约占总项目数的60%。近几年来，我国加强计量基础研究力度，计量前沿基础研究取得了突破性进展。提出到2020年达到85%的目标，这样才能使我国的计量基准水平进入世界发达国家的行列，才能更好地为国际贸易发展服务。

59. 目前我国的校准测量能力如何?

截至2012年，我国得到国际承认的校准测量能力(CMC)数量达到1166项，国际排名从2006年第8位升至第5位(亚洲第1位)。

60. 国家重点管理的计量器具有哪些？受检率是如何确定的？

国家重点管理的计量器具包括：电能表、水表、煤气表、衡器（不含杆秤）、加油机（含加油机税控装置）、出租汽车计价器、热能表、粉尘测量仪、甲烷测定器（瓦斯计）。

计量发展目标中将国家重点管理计量器具受检率定为95%以上，主要考虑到集贸市场中的电子计价秤流动性很大，100%的受检率不符合目前的实际情况，难以实现。但从目前对重点管理计量器具监督管理情况来看，到2020年达到95%以上的目标还是较为科学的。

61. 为什么确定引导并培育10万家诚信计量示范单位？

引导并培育诚信计量示范单位，是树立诚信计量主体意识、推进诚信计量体系建设，促进社会诚信计量的重要手段。近几年来，国家通过开展“四走进”“计量惠民”等活动，在集贸市场、医院、眼镜店等引导和培育了4万家诚信计量示范单位，取得了较好的社会效果。在今后的诚信计量工作中，将加大诚信计量体系建设，促进诚信计量示范工作，提出到2020年要再引导并培育10万家诚信计量示范单位，在全社会初步形成诚信计量氛围。

62. 为什么要实现万家重点耗能企业能源资源计量数据实时、在线采集？

能源消耗量是制定和落实国家节能政策的重要技术依据，采用计量信息化手段，实现能源计量数据在线采集、实时监测，是获取能耗真实数据的唯一科学有效的方法，对政府掌握能源使用情况，提前预警，具有重要意义。《国务院关于印发“十二五”节能减排综合性工作方案的通知》中提出要重点推动 1 万余家的重点耗能企业的节能减排工作。为配合国务院节能减排有关要求，提出要实现万家重点耗能企业能源资源计量数据的实时、在线采集。

加强计量科技基础研究

63. 我国计量基标准现状是什么样的?

截至 2012 年底,我国现有计量基准 183 项。

我国的计量标准,按其法律地位、使用和管辖范围的不同,分为社会公用计量标准、部门计量标准和企事业单位计量标准三类。截至 2012 年底,全国经过各级计量行政主管部门考核合格的计量标准有 92566 项,其中社会公用计量标准有 41235 项,部门、企事业单位最高计量标准有 51331 项。

64. 为什么要加强以量子物理为基础的自然基准研究?

20 世纪,近 10 位诺贝尔物理奖得主的研究成果创造了量子物理学的重大突破,为不断追求更高准确度和更好稳定性的现代计量学开辟了崭新的道路,使计量基准彻底突破了传统实物基准的限制,向以量子物理为基础的计量基准演进,实现了优于实物基准百倍甚至千倍以上的测量准确度,并使其复现,摆脱了外界环境的限制。

国际计量界认识到如果将国际单位制(SI)的基本单位建立在基本物理常数的基础上,就能够实现不再随时间空间变化的"永久性"标准,这是国际单位制建立 140 年以来从未有过的重大变革。为此国际计量委员会强烈呼吁各国积极开展关于基本物理常数准确测量的研究。量子计量基准和基本物理常数测量是目前国际计量前沿研究的热点,是世界各国抢占国际计量科技制高点的关键,是维护国家独立计量溯源体系的核心。发达国家纷纷投入巨资开展研究。作为计量科技战略发展需求,我国迫切需要持续开展基于量子物理计量的前沿研究。

65. 目前需要建立哪些急需的国家计量基标准和量传溯源体系?

(1)在支撑国家战略性新兴产业发展和国计民生领域

纳米技术、新材料、医疗安全、环境监测、新能源等领域的多数关键计量基标准尚属空白;生物、节能减排等领域的计量基标准研究也刚刚起步。

(2)在服务国防安全的计量体系方面

复杂的国际形势和我国国防工业的快速发展对准确测量和溯源提出了前所未有的紧迫挑战,而我国在诸如时间频率、微波天线等领域完整而独立的量传溯源体系尚未完全建立。

(3)在传统专业领域测量能力提升方面

产业结构调整、重点行业发展对测量准确度提出了更高要求,同时对覆盖极大和极小测量、解决极端条件下测量和生产过程中的现场、在线和快速测量的量值溯源能力提出迫切需求,目前尚存较大差距。

66. 为什么要对计量基标准进行更新改造?

经过多年的努力,我国在多个学科和领域已初步建立起适应国家科技、经济和社会发展需要,具有一定先进性和与国际等效一致的国家计量基标准体系，为我国的国民经济建设、高新技术的发展和社会进步起到了重要的支撑作用。

为适应经济全球化的发展趋势，满足科学技术迅猛发展及高新技术产业化的战略需求，以及维护国家安全发展等方面要求，需要进一步加速计量基标准体系的建设与完善，根据我国经济和社会发展的需要，不断提高国家计量基标准的测量准确度和稳定性，持续提高计量基标准的测量能力和技术水平，以带动国家整体计量基标准体系技术水平和测量能力的提高。而目前我国的部分计量基准在测量精度、测量范围等方面与社会需要还存在一定的差距，必须加快进行技术改造。

67. 时间频率基准研究的发展和现状是什么样的？

目前，我国的时间频率基准由中国计量科学研究院自主研制的“激光冷却-铯原子喷泉时间频率基准装置”与“原子时标基准装置”组成。

1980 年，中国计量科学研究院建立了原子时标基准装置，实现国际溯源并以其为源头开展国内量值传递工作，构建了我国的时间频率计量体系。2006 年激光冷却-铯原子喷泉时间频率基准装置获得国家科技进步一等奖，测量不确定度为 1.8×10^{-15}，相当于 1500 万年误差不超过 1s，通过向国际计量局报数，与其他国家的同类基准进行比对，参与国际原子时协作。2008 年在国际上首次实现了喷泉钟驾驭氢钟产生本地原子时。目前通过全球卫星导航系统（GNSS）及卫星双向时间频率传递（TWSTFT）两种方式参加国际原子时合作。同时，以高精度时间频率传递方式与军用标准时及北斗系统时间开展比对。目前，我国已瞄准下一代时间频率基准——光钟的研究，预计测量不确定度将优于现有的铯喷泉钟基准。

68. 为什么要开展量子基准核心量子器件研究?

基于量子物理和基本物理常数的新一代量子计量基准,是计量科学发展的方向。其中量子器件如同计算机中的CPU,是这些量子基准的核心部分。遗憾的是我国用于量子基准的核心器件目前还完全依赖进口,而且其寿命有限,需要不断更新。在特殊情况下,如若进口不到核心器件,量子基准将无法正常运行,我国的计量单位量值将重回实物基准状态。进口的芯片是已定型的,是无法改进的,如果没有自主研制的基标准用量子器件芯片,那么一些关于基标准的新想法、新方案就无法实施,将永远落后于外国。器件虽小,制作工艺却很复杂,技术含量非常高,例如,用于各类量子电压基准的约瑟夫森结阵器件。一个可编程10V约瑟夫森结阵器件需约30万个约瑟夫森单结。此器件为大规模集成器件,涉及大规模超导电子器件集成、微波线路集成、集成器件封装等领域。目前,世界上只有3个国家可制作出此器件,而我国还没有制作成功。

约瑟夫森结阵器件的研制,不仅可以解决基准急需,还有助于掌握大规模约瑟夫森结阵的集成技术,为其他众多基于此的应用奠定基础。总体来说,计量用量子器件领域是基础、核心的研究领域,开展量子器件的研究工作不仅有助于实现我国计量基准的自主知识产权,为我国的量子基准稳定工作提供保障,还有利于提高我国在计量科学领域的国际地位和话语权。

69. 什么是超快光学、太赫兹精密测量?

超短光脉冲是指持续时间在皮秒至飞秒量级的光脉冲辐射,一般由锁模机理产生,也称作超短激光脉冲,或简称超短脉冲、超快激光。超快光学是指与超短光脉冲相关的光学。超快光学具有重要应用价值和巨大应用潜力，是目前国际光电子领域最前沿、最热点的方向，超快光学以其独特的特点被广泛应用于超快信号的产生和探测、超短光谱和超快过程分析、超精密微纳加工与光电子技术，新型医学诊断、环境气体监测、新能源开发与制造等众多应用领域，以及时间频率计量、超快电脉冲计量、太赫兹辐射参数计量、绝对长度精准测量等新一代计量技术领域。

与超快光学技术相比，超快光学的测量技术发展相对落后，对超快光学的深入研究和进一步应用造成较大的障碍，难以满足超快光学发展的需求。近年来国际计量机构已经注意到超快光学参数测量的重要性，德国、美国、英国、日本、韩国、中国台湾等国家和地区的计量机构都组建了超快光学计量研究组，专门从事超短脉冲测量技术的研究。

太赫兹是指频率在 0.1THz～10THz(对应的波长在 3mm～30μm)之间的电磁波，在电磁波谱中位于微波和红外之间，是连接电子学与光子学的桥梁，是典型的前沿交叉学科，被认为是国际电子和信息领域的重大科学问题。由于太赫兹所处的特殊电磁波段位置，使它具有许多独特而优越的特性，被广泛应用于材料测试、安检成像、生物和医学、产品质量检查、环境监测、空间通信以及天文学等领域。长期以来由于缺乏有效的产生和探测手段，人们对该波段电磁辐射性质的了解非常有限，该波段被称为电磁波谱中的太赫兹空隙，成为电磁波谱中有待进行全面研究的最后一个频率窗口。太赫兹精密测量是指针对太赫兹辐射参数所进行的精密测量，包括太赫兹光谱、功率、频率、波长等参数的精密测量。

70. 原子光刻技术有什么用途？

原子光刻技术通过激光汇聚原子束在基片上沉积得到一维或二维纳米结构阵列，所获阵列的平均间距不仅可以小于 50nm(八分之一激光波长)，而且能以很小的不确定度直接溯源至原子跃迁频率,从而形成纳米长度自然基准,为纳米测长仪器提供溯源和校准服务。

71. 生物安全中量传溯源计量技术研究有哪些?

生物安全计量基标准是国家计量基标准体系的重要组成部分,是实现生物安全分析测量准确的基本保证,是提高检测结果有效性的重要基础。生物安全计量基标准和量传溯源计量技术可有效提高生物安全分析测量的可比较性、可溯源性和测量结果的国际等效一致性。在具有检测技术和标准方法的基础上,生物安全的评价和控制需要量传溯源计量技术。

生物安全中量传溯源计量技术研究,主要包括核酸、蛋白质、细胞、微生物等的含量、序列、活性、修饰、分型等计量基准方法的研究和计量基准装置的研制,权威计量方法研究、生物安全相关标准物质研制,生物安全仪器设备检定校准技术研究等内容。

72. 生物计量和生物标准物质的概念是什么?

生物计量:以生物测量理论、测量标准(计量标准)与生物测量技术为主体,实现生物物质的测量特性量值在国家和国际范围内的准确一致,保证测量结果最终可溯源到SI单位、法定计量单位或国际公认单位。

生物标准物质:具有一种或多种足够均匀并很好确定了含量、序列、活性、结构或分型等生物测量特性(量)值,用以校准仪器,评价生物测量方法或给材料赋值的物质。

生物科学与生物技术的发展将直接关系到人类所面临的粮食、医药、人口、能源和环境等重大问题的解决,保证生物分析测量结果的准确性正是解决这些重大问题的基础。

73. 近几年来生物计量工作中主要取得了哪些成绩?

完成了国家"十一五"支撑项目课题和国家科技基础条件平台等课题,重点开展含量特性的计量研究,搭建了微生物、核酸含量、蛋白质含量、脂质和部分活性成分含量的科研平台并收获阶段科研成果。

在计量方法研究方面,先后研究建立了核酸、蛋白质、脂质、活性成分含量等同位素稀释质谱高准确度计量方法,建立了转基因、微生物基因含量数字 PCR 高准确度计量方法,达到国际先进水平。

在标准物质研制方面,先后研制了转基因水稻、转基因棉花、牛血清白蛋白、胰岛素、脂肪酸等核酸、蛋白质、生物脂质等标准物质;研制了银杏酸、腹泻性和麻痹性贝类毒素的生物毒素标准物质;大豆异黄酮、银杏黄酮、膳食纤维等生物活性成分标准物质,微生物基因组核酸含量标准物质,核苷酸碱基纯度标准物质等。其中 8 个已获得批准,成为国家一级标准物质。

在国际比对方面,先后主导或参加了国际计量局(BIPM)物质量咨询委员会(CCQM)关于核酸同位素稀释质谱定量、基因实时荧光 PCR 定量、核酸分型、蛋白质同位素稀释质谱定量、荧光免疫分析、蛋白质构像测定、细胞计数等方面的国际比对,取得了良好的比对结果。

承担完成国家"十一五"科技支撑项目"生物安全量值溯源传递关键技术研究",科技重大项目课题"转基因产品标准物质研制"任务。

74. 目前生物计量工作中存在哪些不足和问题?

目前生物计量工作中存在的不足和问题主要有:

(1) 生物计量基准尚未建立,生物物质含量、序列、结构和活性的测量理论、高准确度测量技术有待创新,生物量特有的、符合生物量定义和特性的量值传递、溯源方法有待建立完善,量传溯源体系亟待完善。

(2) 生物安全、食品安全、生物诊断、临床检验等领域国家有证生物标准物质较为缺乏。生物测量的基体标准物质、序列标准物质、微生物和细胞的标准物质缺口很大。

(3) 生物计量工作还未被大部分人所认识,由此也产生了生物计量人才极为缺乏的现象。生物计量的发展与生命科学在应用领域中的发展亟待结合。

75. 到2020年,生物计量将面临什么样的发展机遇和挑战?

2013—2020年期间,国家重点发展生物农业、生物医药、生物制造、生物能源等生物产业,“十二五”国家自主创新能力建设规划,战略性新兴产业创新能力建设和公共安全领域提出的食品安全和生物安全(包括转基因生物安全、药品安全及监控、高等级生物安全实验室)建设等,生物产业的发展和国家创新能力建设等为生物计量提供了新的机遇和挑战。生物计量主要面临的挑战有:建立完善各个生物量值的量值溯源传递体系,建立完善各个生物量值的计量基标准,完善国际关键比对技术与方法、量值传递方法并研制产业和公共安全领域急需生物标准物质。

76. 生物计量在农业发展中有什么样的地位和作用?

生物计量在农业发展中起到基础和支撑作用,具体表现在:

(1) 为生物农业科研发展提供准确数据;

(2) 保证种植养殖过程使用的农兽药、添加剂等用量准确;

(3) 为生物农业产品质量检测保驾护航,保证农产品药残、添加剂、转基因含量等测定准确,保证贸易的公平和人民大众健康。

转基因生物安全问题引起全球的高度关注,为此各国都制定了转基因限量标准,为保证全球转基因测量的可靠和可比,以核酸计量为基础的生物计量发挥了巨大作用,我国建立了转基因植物核酸量值溯源传递框架途径,通过溯源技术和转基因标准物质的研究,主导和参加基因测量国际比对,保证我国转基因测量的国际互认。

77. 生物计量在国家产业发展中有什么样的地位和作用?

生物计量在国家发展中起到基础和支撑作用,特别是在生物产业中起到重要作用。现代生物产业发展的重点领域,包括生物医药、生物农业、生物能源、生物制造、生物环保五大领域。生物计量工作将为生物技术领域和生物产业发展提供有效的计量保证,确保生物分析结果准确、计量值可比。保证产品的一致性和互换性,而且对于保证产品的优质起着重要的作用。通过完善计量基标准,国际关键比对技术与方法,构建生物产业发展急需的计量测试平台,服务国家生物产业的发展,实现转基因农业、生物医药、生物安全等的质量监控和安全保障。

78. 生物计量如何保障人民群众生命健康安全?

食品、环境保护、医药、医疗卫生与人民群众生命健康息息相关,而生物计量是人民群众生命健康安全的重要保证。在食品、环境保护、医药、医疗卫生等的控制、监测、管理、研究等技术工作中,所涉及的仪器设备、分析方法以及监控过程中所使用的物质及其量的确定,无一不需要通过计量的手段来对其进行一一的验证,使其所有的量值都统一溯源至同一国家基准(或标准)或同一国际基准(或标准),这样才能保证国内市场的医疗食品安全,有效保护环境,提高在国际贸易中的竞争力,打破贸易技术壁垒。因此,生物计量在保障人民身体健康及生命安全中发挥着重要作用。

79. 生物计量在自然灾害防御体系建设中发挥什么样的作用?

“自然灾害”是人类依赖的自然界中所发生的异常现象,自然灾害对人类社会所造成的危害往往是触目惊心的。

许多环境标志物都是生物物质或生命体,如 DNA、蛋白结构和进化、微生物等。通过生物计量的支撑,保证相关标志物测定结果的准确,有助于从科学的意义上认识这些灾害的发生、发展,尽可能减小它们所造成的危害。

在全球范围内最常见的公共安全卫生灾害问题中,流行病排在首位,而由流行性微生物导致的疾病涉及面最广、影响最大。基于由细菌、病毒等微生物引起的食源性疾病、传染病疫情的巨大危害,对微生物引起的公共卫生事件的预防与控制已成为世界各国卫生部门关注的重中之重。此外,微生物对环境的污染主要包括细菌、病毒、真菌和微藻毒素的污染。水环境的微生物污染严重影响人民群众的健康,环境资源的质量保障已成为对我国具有重要战略意义的大事。因此增加灾害性微生物的检测和监测,是有效控制和防治病原微生物引发的重大自然灾害性流行病的重要措施。生物计量在病原微生物的流行病学监控和防治发挥着重要的作用,提高全球范围内微生物检测的水平,保证仪器检测结果的准确和溯源,为监控测量结果的准确性和可比性提供计量基础。

当自然灾害发生时,生物计量为灾害处置提供支撑。例如地震时遇难者身份的辨认需要进行 DNA 分析,生物计量能够保证分析结果的准确,从而准确定遇难者身份。

80. 生物计量在食品安全中有什么样的地位和作用?

2009 年 6 月 1 日起施行的《中华人民共和国食品安全法》中提出的重点监控的食品安全危害因子包括:食品、食品相关产品中的致病性微生物、农药残留、兽药残留、重金属、污染物质以及其他危害人体健康的物质。其中的生物性危害因子包括致病性微生物、生物毒素,以及其他公众关心的可能的生物危害。

转基因成分、蛋白质过敏原、生物毒素、食品微生物等都是食品安全中重要的生物危害因子。生物计量工作承担着为食品生物检测提供科学标准的重要责任,在食品安全的生物危害因子预防、控制、监测、管理、研究等技术工作中,所涉及的仪器设备、分析方法以及监控过程中所使用的物质及其量的确定,无一不需要通过生物计量的手段来对其进行一一的验证,使其所有的量值都统一溯源至同一国家基准(或标准)或同一国际基准(或标准)。为日常定性定量的检测起到重要作用。

81. 目前医学计量中量值溯源技术研究主要有哪些?

医学计量是计量学在医学领域中的延伸与发展,目的是实现医学领域计量单位的统一和对人体(生命体)各种参数测量的准确一致。

目前医学计量中量值溯源技术研究内容主要包括:

(1) 医学影像设备计量标准及溯源体系研究:

医学影像设备主要包括了 X 线及 X-CT 成像、核素成像、磁共振成像、光学成像、热成像、超声成像等设备。

(2) 生理参数与生命支持类设备计量标准及溯源体系研究:

生理参数类医疗设备主要有心电图仪、脑电图仪等电生理参数类和血压计、眼压计、体温计等非电生理参数类的医疗设备。

生命支持类医疗设备主要有高频电刀、心脏除颤器、人工心肺机、体外血循环机、洗肾机、多参数监护仪、婴儿培养箱等设备。

(3) 体外诊断系统计量标准及溯源体系研究:

体外诊断系统是由临床检验医疗器械和体外诊断试剂组成的检验、诊断系统。要开展核酸、蛋白质等计量标准和溯源体系的研究、研制医疗器械检定、校准和重大疾病体外诊断试剂溯源用标准物质。

(4) 生物医药领域的量值溯源体系研究:

① 疾病诊断用设备和标准物质的量值溯源体系研究:包括重点疾病的分子分型生物标志物标准,遗传易感生物标志物和肿瘤标志物标准,基因芯片、芯片实验室、现场快速检测仪器(POCT)等临床检验设备和标准物质的量值溯源体系研究。

② 生物医药产品的量值溯源体系研究:包括建立新型疫苗等生物药物产品的质量标准,中药和功能性食品的质量控制标准。

(5) 医用加速器等医学治疗设备计量标准及溯源体系研究。

(6) 眼科仪器等其他医疗设备。

82. 能源资源中量传溯源计量技术研究主要有哪些?

能源资源计量是指为确定用能对象的能源利用完善程度而对能源及相关量的计量,其本质特征是关于能源量及能源使用程度的计量。

能源资源量的计量大多可直接通过单参数的测量得到量值,如煤炭重量的计量、电能消耗量的计量、水流量的计量等,其量值溯源技术研究除传统的计量溯源技术研究外,更注重向高、大、重和动态实时测量技术的研究拓展;能源使用程度的计量涵盖能源利用和能源效率两个方面,能源形式的多种性、能源转换的多样性以及能源利用的广泛性,使得许多能源使用程度需通过多参量、中间量和过程量测量换算得来。对于诸如通过多参数和中间量测量得到的能源利用和能源效率的测量装置,通过对测试装置中的量按单参数计量的方式逐个计量,难以解决测量的准确和有效地量值溯源。为此，应研究能源转换和利用中的多参数、中间量和过程量的量值溯源。

83. 环境保护中量传溯源计量技术研究主要有哪些？

环境保护中量传溯源计量技术研究，主要研究我国环境监测中的量值计量溯源、一致性、稳定性问题，为该领域提供计量校准技术和参考物质。包括：开展污染物排放量计量研究；电磁环境计量测试技术研究；环境污染微生物监控计量技术研究等。

环境辐射监测计量标准和量值溯源方法研究，主要是：研究氡放射性活度基准测量方法，建立从环境空气中的浓度量级至不同程度污染量级下氡与其短寿命子体核素的绝对测量方法；建立天然环境辐射能谱测量方法，进行环境辐射能谱测量，为固定式环境辐射监测仪表的溯源提供技术手段；开展光释光测量辐射剂量的方法学研究，采用光释光剂量计测量核电站环境的辐射剂量，并模拟核应急情况下的不同辐射条件进行辐射剂量的实验测量研究，为核电站辐射安全监测提供可靠的技术支持。

开展环境污染物标准物质与准确定值技术研究：一是《关于持久性有机污染物斯德哥尔摩公约》(POPs 公约)中新增持久性有机污染物的单标和混合溶液标准物质，以及环境基体标准物质的研制；二是药品和个人护理用品(PPCPs)类“新型”环境污染物，例如，水体和底泥等环境基体中合成麝香、抗生素、防腐剂类环境激素测量方法研究和标准物质研制；三是针对我国不同区域，例如湘江流域、长三角、珠三角和环渤海地区的环境污染物特点，开展汞、锡、砷、铅等重金属元素及形态化合物测量技术研究和标准物质研制，建立和完善量值溯源体系；四是开展水质监测分析方法关键技术研究，以及水资源调查、水质分析、水环境监测中使用的无机和有机成分混合标准物质研制，建立和完善量值溯源体系。

84. 应对气候变化中量传溯源计量技术研究主要有哪些?

气候变化相关计量标准和测量技术研究,主要是针对温室气体测量和气候变化观测的关键参数,例如:大气及大气层顶的温度、压力、湿度、风速和风向,海洋表面和一定深度的温度、盐度和声速,地面和大气层顶的温室气体成分,气溶胶的成分、几何形态、质量密度、光学性质,太阳和地面辐射度,等等,研究建立相关计量标准,发展精密测量技术,开发观测仪器的现场校准设备和稳定可靠的传递标准,制定校准规范,建立和完善量传溯源体系。

目前重点开展的研究课题包括:建立用于风速风向测量仪器溯源的大口径环道循环式风洞,研究高空风速风向精密测量与校准方法;建立气压基准及大气压力精密测量标准装置;研究发展基于光腔衰荡光谱法原理的高灵敏度、高稳定性原子分子光谱测量仪器,建立痕量温室气体成分精密测量技术和传递标准;研制以真实空气为基体的温室气体标准物质和气体同位素标准物质,发展碳同位素测量技术,改善温室气体观测的准确性、一致性和溯源性;研究建立亚临界和超临界压力下 CO_2 声速、黏度和热物性测量装置,开展实验测量研究;研究发展基于激光雷达技术的立体空间温室气体测量技术及其量值溯源方法;研究建立地表和星载太阳光谱辐射度精密测量和量值溯源技术;研究发展低背景辐射红外遥感定标技术,建立低温红外辐射亮温基准,用于红外遥感器的量值溯源,提高地球温度观测的不确定度水平;研究在线地球温度观测仪器定标源,为星载红外观测仪器的长期稳定性提供重要标准器等。

85. 高频天线计量关键技术研究主要有哪些?

按照国际电信联盟(International Telecommunications Union,

ITU)的定义,高频是指 3MHz～30MHz(波长 10m～100m)的频段。高频天线实验室是针对 300MHz～110GHz 频段的中高增益天线进行校准的实验室。关键技术有:

(1) 如何测量得到喇叭天线真正的“远场增益”

一般天线发出的电磁波都是球面波,只有经过足够远的距离以后,才可以近似为平面波。譬如,测量角锥喇叭天线时,测量距离只有达到 32 D^2/λ(D 为喇叭天线的口径,λ 是波长),误差才能小于 0.05dB。过远的测量距离,不仅导致对测试所需天线暗室要求过高(如测量 0.95GHz～1.45GHz 的喇叭天线,要求距离为 96m),还导致暗室侧壁反射效果增加、信噪比显著下降。如何从测量原理上来创新,以真正解决这个问题,关键技术就是采用近场外推技术,即广义三天线外推法。

(2) 如何测量得到喇叭天线的“近场增益”

为了测量得到“近场增益”,以便能够应用于功率密度等需要高场强的场合,需要确保收发天线的距离很近。但很近时由于幅度锥削、相位锥削等问题,尤其是收发天线间的多重反射,导致近场增益测量成为一个难题。

(3) 如何消除喇叭天线测量中的多重反射

天线是一个凹腔,因此天线是一个很强的电磁波散射体。在有限距离内,收发天线间存在着很强的多重反射。这里的关键技术,就是要采取有效技术来行之有效地消除这些多重反射,以便能够测量得到天线真正的“增益”。近场外推法中的曲线平滑技术和曲线拟合技术,能够有效地消除多重反射。

86. 标准物质研究中的重点领域和重点方向主要有哪些?

(1) 食品安全领域。重点方向:食品中有机化学品残留、食品添加剂、食品中营养成分、食品中元素及形态、食品包装材料及持久性有机污染物检测以及食品中生化计量技术、物化特性及电离辐射计量技术、食品安全前沿性计量技术研究和相关标准物质的研制；

(2) 临床检验领域。重点方向：与心脑血管疾病、肿瘤等重大疾病早期预警和诊断、疾病危险因素早期干预等相关标准物质的定值、制备、稳定化技术研究以及相关高等级标准物质研制；

(3) 生物领域。重点方向：基因核酸标准物质，蛋白质、脂质和毒素标准物质，微生物标准物质，生物工程多糖标准物质等标准物质的研制以及相关前沿计量测试技术研究；

(4) 环保领域。重点方向：有机物标准物质，土壤、温室气体、烟道排放气体、交通工具尾气等检测用标准物质的研制及相关计量测试技术研究；

(5) 材料科学领域。重点方向：石油、煤炭和生物燃料理化性质方面的标准物质，工业产品、工业原材料中有害物质检测用标准物质，接触角、表面张力等界面特性方面标准物质，纳米薄膜厚度、薄膜表面成分、材料微观结构、碳基材料/纳米材料的特性量值方面的标准物质的研制及相关计量测试技术研究。

87. 我国仪器仪表行业的现状是什么样的？

我国仪器仪表行业的现状：从产业概况来看，目前我国仪器仪表行业处于调整发展中，进出口逆差比较大，在整个机电行业内属于改制和转制比较快的行业，相当量的国有企业已经转为民营，三资企业非常活跃，国外许多著名的仪器仪表跨国公司都在我国投资或者扩大生产。我国的仪器仪表行业与发达国家还有10年以上的差距。从技术现状看，我国企业生产的仪器仪表产品能够满足科研、生产和社会各个方面的一般性需要，如在风电、核电、物联网、智能电网、高铁和轨道交通等新兴产业中发挥着重要作用，用于环境监测专用仪器仪表、分析仪器及装置、电工仪器仪表都有很广泛的应用，但是高端方面，特别是仪器仪表的稳定性、可靠性、高精度仪器仪表研制方面还有一定的差距，更多的仍是依赖进口。

88. 如何促进仪器仪表制造业的发展？

《规划》中明确指出：要加强仪器仪表核心零（部）件、核心控制技术研究，培育具有核心技术和核心竞争力的仪器仪表品牌产品。应该从三个方面理解：一是要加强核心技术研究，加强高端产品的性能开发，只有掌握自己的核心技术，我国的仪器仪表产品才能具有真正的核心竞争力；二是要加强核心零（部）件的研制，这样的产品才是真正"中国制造"的产品，而不再仅是"中国加工"的产品；三是一定要有自己的品牌。做好品牌才会有市场，才会长远发展。

89. 计量在互联网、物联网、传感网发展中有什么地位和作用？

互联网是一个网络实体，没有一个特定的网络疆界，泛指通过网关连接起来的网络集合。互联网的实体，是通过普通电话线、高速率专用线路、卫星、微波和光缆等通信线路，把不同组织以及个人的网络资源连接起来，从而进行通信和信息交换。互联网的运行需要提供时间频率同步信号做支持。互联网构建了一个与现实的物理世界相对应的虚拟的数字世界或信息世界，并使后者同前者相并列。

物联网则通过各种传感器使虚拟世界进一步与现实世界更紧密地相互联系，为两者之间构建了一座桥梁。

作为建设这座桥梁的传感器，实际上就是一个测量仪器，传感网的正确可靠运行离不开各种量的准确测量和量值溯源。

90. 在线检定对计量测试有什么需求?

在线检定是指对生产线上的计量器具直接检测其是否准确可靠,而不必拆装的一种检定方法。随着科技进步和规模化、集成化程度的提高,在线、多参数、综合性的测量越来越多,这对传统的计量检测手段提出了挑战。如何使得计量器具不经过拆装检定就能保证其测量准确可靠,是许多企业提出的急需解决的问题,也是计量工作者面临的棘手问题。需要根据实际测量要求研制适合于生产线上的标准测量仪器,该仪器作为工作标准既要克服实际环境条件(包括温度、湿度、振动、干扰等)的影响,做到准确可靠;又要很方便可移动式地安装在生产现场,直接检定/校准使用中的计量器具,同时还要能实现量值溯源。总之,在线测量从量值溯源上急需解决其准确可靠的问题,它对计量测试的需求是全方位的,包括需要研制现场工作标准、传递标准、室内标准(基准)以及相应的技术规范等。

91. 远程测试技术对计量测试有什么需求?

通常情况下,在目前国内的计量测试服务中,被计量(测试)对象需与计量标准置于同一实验室,经计量测试得到结果。而在很多情况中,存在不适合或不能运输或移动的被计量(测试)对象,因此远程计量测试技术应运而生。远程计量测试技术是指对异地仪器设备进行计量测试(包括计量检定、校准等)的技术,它要求计量测试方拥有计量基标准、合理的远程计量测试方法及与被计量测试方进行交互的通信手段,它可以在不移动被计量(测试)对象的情况下对它们进行远程计量测试,这既节省了被计量(测试)对象运输所需的人力、时间和费用,而且避免了其在运输途中所可能遭受的额外损失和风险,缩短了计量测试周期,提高了计量测试效率。

92. 为什么要建设超高、超宽和洁净实验室?

一些新领域计量研究任务,如纳米测量、新材料测量、生物计量、大力值及大扭矩计量、气体流量计量,对实验室的控温、控湿、洁净以及灵活空间都提出了很高的要求。因此需要建设用于开展超高、超宽大尺度空间的特殊实验项目以及安放大体量的特定科研实验装置的实验室,用于开展对空气洁净度有极高要求的纳米级、原子级器件制作等计量科研任务。

93. 在国际比对中为什么要增加作为主导实验室开展比对的数量?

国际计量委员会(CIPM)《国家计量基、标准和国家计量院签发测量与校准证书互认协议》(MRA)的一个重要部分是通过国家计量基、标准之间的比对,实现计量基、标准等效,其技术基础是由国际计量委员会咨询委员会(CCs)、国际计量局(BIPM)、各区域计量组织(RMOs)组织的一系列的国际比对,尤其是关键比对。签署CIPM MRA意味着我国必须积极主动地参加其框架下的国际比对,从而充分显示我国的计量基、标准水平,维护我国技术安全。一个国家主导国际比对的数量直接反映了国家计量水平的高低,例如美国、德国在主导国际比对数量上一直遥遥领先。我国主导国际比对,尤其是关键比对数量的增加,一是能够提高我国计量的国际地位和话语权,保障我国在国际贸易中的权益,维护我国技术安全;二则也表明我国在该计量领域已经处于国际领先水平。

94. 为什么要进行国际同行评审?

1999年10月,中国计量科学研究院受国家质检总局委托正式签署了国际计量委员会(CIPM)《国家计量基、标准和国家计量院签发测量与校准证书互认协议》(MRA)。CIPM MRA 的主要技术活动包括:国际比对(关键对比、辅助对比与研究比对);校准测量能力(CMCs)的申报与评审;国家计量院(NMIs)的质量管理体系评审和能力验证。其成果为在国际计量局(BIPM)数据库中保存并在互联网上公布签约各国国家计量院的校准与测量能力。按照 CIPM 和亚太计量规划组织(APMP)相关文件的要求,对于覆盖校准与测量能力的质量管理体系必须进行国际同行评审,以证明其符合国际标准的要求,所选择的技术评审员或专家应为不低于本国水平的国际同行。

95. 国际同行评审的依据、主要内容和程序是什么?

(1) 国际同行评审的依据:

① 国际计量委员会(CIPM)和亚太计量规划组织(APMP)相关导则要求;

② 国际计量委员会(CIPM)《国家计量基、标准和国家计量院签发测量与校准证书互认协议》(MRA);

③《区域计量组织监督和报告质量体系运行的导则》(Guidelines for the monitoring and reporting of the operation of quality systems by RMOs CIPM MRA-G-02 Version);

④《亚太计量规划组织接受质量体系导则》[APMP guidelines for accepting a quality system(V. 2. 0 WD2) APMP-QS2(V. 2. 0)]。

(2) 国际同行评审的主要内容:

① 质量体系运行符合国际标准 ISO/IEC 17025 的要求,标准物质生产还需满足 GUIDE 34 的要求;

② 声称的校准与测量能力能够达到。

(3) 国际同行评审的程序:

① 邀请满足条件的国际专家进行现场评审;

② 评审后结果提交 APMP 相应的技术委员会(TC)主席和质量体系(QS)主席进入区域内评审;

③ 区域评审结束后转入区域间评审;

④ 全部通过后在国际计量局(BIPM)的关键比对数据库(KCDB)公布。

96. 什么是国际计量互认?

国际计量互认是指法定计量和计量技术能力的多双边互认安排。国家法制计量机构或国家计量技术机构基于国际建议和计量实验室评审,签署多边或双边互认协议,相互承认协议方的型式试验结果或计量校准测试能力,为国际贸易等领域提供相互信任的计量基础。

现阶段,国际计量互认主要是指国际法制计量组织(OIML)推行的 OIML 证书制度、OIML 多边互认框架协议(MAA)、计量器具型式试验结果的双边互认以及国家计量基、标准和国家计量院颁发的校准和测量证书互认协议。

97. 国际计量互认的目的和作用是什么?

国际法制计量组织(OIML)推行 OIML 证书制度的目的:促进计量器具的国际贸易,实现成员国之间普遍的相互承认,促进 OIML 国际建议在成员国中的推行,协调各国对法制计量器具的要求,推进计量器具质量的提高,消除技术壁垒。

OIML 证书的作用:当向其他国家申请型式批准时,可作为计量器具已满足国际建议要求的证明(在申请型式与证书型式相同的前提下);可在证书持有者的产品目录中和其他促销资料中引用证书,以向买主和用户证明该计量器具符合有关国际建议的要求。

OIML 成员国之间签署多边互认框架协议(MAA),其目的:

一是为了在所有OIML成员国的参加者之间培育对型式评价结果的互信;二是为了促进全球对计量器具的法制计量要求的协调、统一理解和执行;三是实现和维持对评价结果的信任,从而提高国家对法制计量管理的计量器具的型式评价、型式批准及其承认工作在时间和费用上的效率,以支持和促进计量器具的全球贸易,实现"一次测试、一张证书、全球互认"的发展需求。

我国与OIML成员国之间签署的计量器具型式试验报告的双边互认协议,其目的是保证计量器具的合格性,保证计量器具满足OIML成员国的法制计量管理要求,实现对计量器具法制要求的全球一致性,在测量结果上建立相互信任,以节省对法制计量器具的型式评定和批准的时间和费用。根据互认协议,双方相互承认对方的OIML试验报告,无论哪一方进行测试,制造商都可以获得中国型式批准证书或欧洲等国型式批准证书,避免了重复型式试验,也有利于我国计量器具进入国外市场。

米制公约组织下的《国家计量基、标准和国家计量院颁发的校准和测量证书互认协议》(MRA),其目标是建立一个开放、透明的综合性计量体系,向世界各地用户提供可靠的关于各国国家计量基、标准可比性的定量信息,以期为相当宽范围内的国际贸易、商业和法律事务方面的协议提供技术基础。

98. 对部门和地方计量检定规程是如何管理的?

《计量法》第十条规定:计量检定必须执行计量检定规程。没有国家计量检定规程的,由国务院有关部门和省、自治区、直辖市人民政府计量行政部门分别制定部门计量检定规程和地方计量检定规程,并向国务院计量行政部门备案。

《计量法》颁布后,原国家计量局发文对部门、地方计量检定规程备案工作提出要求:部门、地方计量检定规程由国务院有关部门和省、自治区、直辖市人民政府计量行政部门分别组织制定、批准、颁布，在本部门、本行政区域内施行，作为计量器具特性评定和法制管理的技术法规；部门、地方计量检定规程必须向国务院计量行政主管部门备案后，方可生效实施。部门、地方计量检定规程代号由国务院计量行政主管部门规定；部门、地方计量检定规程在相应的国家计量检定规程实施后，即行废止。为进一步做好部门及地方计量检定规程备案工作，2011 年和 2012 年，国家质检总局分别组织对已备案的地方及部门计量检定规程进行了集中清理。经过清理，截至 2012 年底，已备案的部门计量检定规程和地方计量检定规程共计 1302 个；其中，部门计量检定规程 732 个，地方计量检定规程 570 个。

加强计量服务与保障能力建设

99. 我国的量传溯源体系是如何构成的?

量传溯源包括量值传递和量值溯源。量传溯源体系由计量基准、计量标准和工作计量器具构成。量值从最高的计量基准到计量标准再到工作计量器具的过程为量传,反之为溯源。

对于一个国家来说,每一个量的量值传递或溯源体系只有一个国家计量基准。我国大部分国家计量基准保存在中国计量科学研究院,较高准确度等级的计量标准多数设置在省级或部门计量技术机构及计量准确度要求很高的少数大企业内,较低准确度等级的计量标准大多数设置在市、县级计量技术机构及计量要求较高的大、中型企业内,而工作计量器具则广泛应用于工矿、企业、商店、医院、研究机构、院校,甚至是家庭之中,由此构成量传溯源体系。

在我国,用国家计量检定系统表的形式表达量值传递体系各组成部分之间的关系。

100. 我国的国家计量基准主要保存在哪些单位?

目前,我国现有的 183 项国家计量基准主要保存在中国计量科学研究院,少部分保存在中国测试技术研究院,个别保存在广东省计量科学研究院、上海市计量测试技术研究院、北京市计量检测科学研究院、国家高电压计量站、中国航天科工集团二院203所、北京长城计量测试技术研究所和辽宁省计量科学研究院等。

101. 国家计量院能力提升的主要方面有哪些？

根据《规划》内容，国家计量院要从下几个方面加强能力提升：一是加强计量科技基础及国家计量基标准研究，增强计量基础技术能力；二是加强标准物质研究和研制，扩大国家标准物质覆盖面；三是加强实用型、新型和专用计量测试技术研究，增强服务高技术产业和战略新兴产业能力；四是加强量传溯源所需要技术和方法的研究，提升国家计量量传溯源源头的量传溯源能力；五是要加强计量科技创新和科技成果转化能力，促进计量测试发展；六是加强计量国际比对，增强国际影响力。

102. 大区国家计量测试中心能力提升的主要方向有哪些？

大区国家计量测试中心能力提升的主要方向是建立和完善大区级别的计量标准，完善实验基础条件，重点开展量值传递和溯源计量技术与方法的应用研究，提升大区国家计量测试中心量值传递和溯源能力，以及服务区域经济发展的能力。

103. 部门（专业）计量技术机构（站）能力提升的主要方向有哪些？

部门（专业）计量技术机构（站）能力提升的主要方向是完善实验基础条件，重点开展专用计量技术与方法研究，满足海洋、农（林）业、气象、水利、地震、电力、通讯、铁路交通等部门（专业）发展的特殊需要。

104．省级计量技术机构能力提升的主要方向有哪些？

省级计量技术机构能力提升的主要方向是建立社会公用计量标准，完善实验基础条件，开展实用型计量技术研究和计量测试工作，全面提升量传溯源服务能力，适应本省（自治区、直辖市）高技术产业、战略性新兴产业、节能减排等重点领域、重大工程和重点项目建设，以及当地产业发展需求。

105．地（市）级计量技术机构能力提升的主要方向有哪些？

地（市）级计量技术机构能力提升的主要方向是完善适应本地区经济社会发展和强制检定需要的社会公用计量标准、计量检定实验条件，重点满足食品安全、安全生产，以及特种设备安全、节能减排、环境保护区域经济与地方产业集群等领域的发展需要。

106．县级计量技术机构能力提升的主要方向有哪些？

县级计量技术机构能力提升的主要方向是完善适应县域经济社会发展城镇化和强制检定需要的社会公用计量标准、计量检定实验条件，重点满足食品安全、安全生产、贸易结算、医疗卫生等领域的发展需要。

107．企（事）业单位计量能力提升的主要方向有哪些？

企（事）业单位的计量工作主要包括：根据生产经营的总方针、总目标的需要而确定企业计量方针、目标和管理职责，并通过计量策划、配齐测量设备、建立测量设备的检定、校准和溯源及计量管理体系，利用信息化手段采集分析计量数据，对测量过程实现有效控制以及数据测量管理等措施，为生产经营全过程提供单位统一、量值准确的测量数据，以保证产品质量、节能降耗、提高经济效益。

在实际生产经营活动中，原材料和元器件检验、能源计量、物料检测、设计和开发验证、环境监测控制、生产安全保障，以及控制生产工艺参数和经营过程的优化管理都必须以准确可靠的测量数据为基础。现代企(事)业单位计量的特点已不限于传统的测量技术和量值传递，也不仅包括生产经营全过程各种控制参数的检验、测量和试验技术，而是涵盖全部测量设备的计量管理体系、计量人员能力、测量方法和程序以及环境条件的计量体系，并且以应用先进的计量数据运传和自动化统计分析应用为突出特点。主要侧重于工业现场服务，保证生产经营和管理全过程实现定量控制，为企业提高产品质量和经济效益，推进技术进步和降低消耗提供计量保证。

108. 国家计量科技基础平台的发展历程与组成是怎样的？

国家计量科技基础平台包括“国家计量基、标准资源共享平台”“国家标准物质资源共享平台”两个平台。

改革开放以来，我国科技基础条件工作取得了很大的进展，但与科技经济社会发展日益增长的需求相比，差距仍很大。为此，2004 年 7 月 3 日，科技部、国家发展改革委、教育部、财政部联合发布《2004—2010 年国家科技基础条件平台建设纲要》，启动了国家科技基础条件平台建设。

国家计量基、标准与标准物质资源是国家科技基础条件资源的重要组成部分，是支撑国家科技进步与创新、重大决策以及经济和社会发展的重要基础性资源。2005 年以来，在科技部、财政部的大力支持下，在国家质检总局的直接领导下，中国计量科学研究院作为牵头单位,联合多个省(自治区、直辖市)计量技术机构及多家标准物质研究生产单位,共同承担了“国家计量基、标准资源共享平台”和“国家标准物质资源共享平台”的项目建设。

经过几年来的努力,两个平台建设取得了如下成绩。一方面,建设和完善了物理和化学计量18个领域数十项国家计量基准、标准,形成了一系列具有国际先进水平且量值国际等效一致的校准测量能力,为全面提升计量基础支撑能力,满足科技创新、战略性新兴产业、国防和民生发展的急需做出重要贡献。另一方面,由中国计量科学研究院和多个省(自治区、直辖市)计量行政部门和省级计量技术机构共同参与,利用信息化、网络化技术,整合大量的国家计量基标准相关信息资源,建立和运行计量平台门户网站,并通过信息和实物资源开放共享,极大改善了国家计量基标准资源服务社会的能力和质量。目前,两个平台现已转入运行服务阶段,并于2011年8月通过科技部、财政部组织的专家认定和绩效考核,成为首批获得认定的国家科技平台。

109. 国家产业计量测试服务体系如何服务产业发展建设?

产业发展离不开计量的支撑。在我国从制造大国向制造强国快速迈进的过程中,计量仅仅通过检定、校准等服务对产业发展进行支持是远远不够的,计量需要从以下几方面做好服务工作:

(1) 进一步完善产业专用计量器具的量值传递服务。建立和完善产业专用计量标准,开展产业专用计量器具的检定和校准工作,提高现代产业量值传递能力。着力解决关键装备的极端量校准、综合参数校准、在线实时校准、动态量校准、连续量校准等技术难题。充分利用先进的信息技术和自动校准技术来改善和提高对专用测量设备和装置的计量检定和校准能力。

(2) 为产业关键参数的计量测试提供更好的服务。建立和完善产业专用测量仪器装备,开展产业计量测试技术和方法的研究和应用，制定和完善产业关键领域急需的技术规范，提高现代产业计量测试技术能力。需重点解决装备制造、精密加工、大型工程、新能源、新材料、交通、生物、医学、信息产业等关键领域关键参数的计量测试技术难题。

(3) 为产业专用测量装备研制提供更好的服务。建立和完善产业计量科技创新机制，开展产业专用测量仪器装备的研制工作，提高现代产业测量装备研制能力。需重点解决满足制造装备、型号、产品和关键部件要求的专用测量系统、自动测量系统、智能测量系统、在线测量系统、远程测量系统、综合测量系统的研制和实际应用。

(4) 提供产品全寿命周期的计量技术服务。建立和完善为产品服务的计量技术方法，开展产品计量技术服务工作，研究产品全寿命周期的计量技术服务功能，开展产品质量关键参数的测量技术研究，产品质量稳定性的监测方法研究，为增强产品核心竞争力提供计量技术保障。

(5) 为产业发展提供更加高效便捷的服务。加强宏观设计，建立深度支撑产业发展运行、经济高效的体制机制。

110. 如何建设国家产业计量测试服务体系？

构建国家产业计量测试体系需要自上而下和自下而上相结合。一方面加强顶层规划和宏观把握，为国家产业计量测试中心的建设与发展创造良好的环境，避免重复建设与恶性竞争。另一方面给予相当的自由度，随着相关产业计量测试中心的建设与发展，逐步在空间分布上和体系上连成网络，从而形成科学高效的国家产业计量测试体系。

111. 构建国家产业计量测试服务体系的重点领域有哪些?

构建国家产业计量测试服务体系的重点领域主要有节能环保产业、新一代信息技术产业、生物产业、高端装备制造业、新能源产业、新材料产业等战略性新兴产业和高技术产业、现代服务业以及其他经济社会重点领域。

112. 为什么要建设区域发展计量支撑体系?

经济社会的快速发展需要计量的有效支撑,计量工作也要不断调整以适应经济社会发展提出的需求。目前我国计量技术机构的分布及资源配置与行政区划是相关的,而区域发展有时会与行政区划不重合。建设区域发展计量支撑体系,可以整合并有效配置计量资源,可以更加有效地配合区域发展的整体规划。

113. 主体功能区划指的是什么?

主体功能区划是指在对不同区域的资源环境承载能力、现有开发密度和发展潜力等要素进行综合分析的基础上,以自然环境要素、社会经济发展水平、生态系统特征以及人类活动形式的空间差异为依据,划分出具有某种特定主体功能的地域空间单元。

114. 如何构建区域发展计量支撑体系?

首先要结合本地特点,调查研究本区域发展的相关规划和需求,认真分析,找准计量工作的切入点和定位。然后根据需要理顺需求信息渠道,并分析本区域内计量资源的分布,建立资源整合机制,解决区域发展中提出的计量需求。最后要建立高效便捷的计量服务体系,及时将计量服务提供给用户。区域可大可小,各地要结合不同范围的区域特点大胆摸索,勇于创新。

115. 构建区域发展计量支撑体系的重要作用有哪些?

构建区域发展计量支撑体系的重要作用有:一是使得计量对区域发展的支撑更加直接有效;二是对计量资源的建设与配置更加科学合理;三是计量对区域发展的服务更加经济便捷。

116. 近几年主要开展了哪些能源计量工作?主要成效是什么?

一是能源计量法律法规体系建设成效显著。利用《中华人民共和国节约能源法》修订的契机,将计量相关要求用法律条款的形式固定下来。颁布《能源计量监督管理办法》(质检总局令第132号)对《节约能源法》有关要求进行落实和细化。修订GB 17167《用能单位能源计量器具配备和管理通则》强制性国家标准,促进了用能单位计量器具的配备率和检定率的提高。二是国家城市能源计量中心建设取得成效。截至2012年底,国家质检总局先后批准成立了23家国家城市能源计量中心。三是各地质监部门加大对重点耗能企业的服务力度,相继成立了"节能降耗服务队",采取措施,深入企业,为企业的节能降耗活动开展业务指导和技术咨询,与重点耗能企业签订《共同推进节能降耗增效工作责任书》,落实服务方的工作责任。四是能效标识计量监管形成制度。五是能源计量监管力度加大。各地质监部门与地方政府相关部门联合行动,组织开展能源计量检查等活动,加大能源计量监管力度。

117. 城市能源资源计量建设示范活动的主要目的是什么?

以国务院《节能减排"十二五"规划》《"十二五"节能减排综合性工作方案》以及《万家企业节能低碳行动实施方案》为依据,深入开展城市能源资源计量建设示范活动,形成有利于能源资源计量发展的长效机制和良好环境,推动节约型社会建设。通过开展城市能源资源计量建设示范活动,夯实能源计量工作基础,搭建满足地方经济发展需求的城市能源资源计量管理和检测平台,发挥计量在有效服务地方节能减排工作中的重要作用。到2015年末,通过开展此项活动,建成一批省级城市能源计量中心,搭建起辐射全省的有效服务地方政府节能减排工作的能源资源计量服务平台;所在城市万家重点用能单位能源资源计量管理制度满足要求;实现所在城市万家重点用能单位能源资源计量有效监管;为地方政府实施节能管理提供权威准确的能源资源计量数据;打造一批能源资源计量工作基础扎实、具有全国示范作用的城市。

118. 国家能源资源计量服务体系的主要功能是什么?

本着服务理念,找准工作站位,配合政府实施节能监督管理,准确评价企业能源利用状况。充分依托各级计量技术机构的人才优势、技术优势,积极寻求工作新载体,拓展工作新领域,全面开展能源资源计量服务。搭建起能源资源计量数据公共平台、能源资源计量检测技术服务平台、能源资源计量技术研究平台、能源资源计量检测人才培养平台,为政府实施节能管理提供权威准确的能源资源计量数据,向社会提供能源资源计量量值传递和溯源、能源审计、节能监测、节能评估、节能量审核、能耗限额对标、能平衡测试、能效检测、节能规划、碳排放计量等全面的节能技术服务。

119. 什么是能效计量比对？作用是什么？

能效计量比对是指在规定条件下，使用相同准确度等级或者规定不确定度范围内的同种能效测量装置对特定用能产品或用能设备的能效指标进行测量，并对测量结果进行比较、分析和评价的过程。

很多用能产品或用能设备的能效参数是通过测量中间量、动态量和综合量计算获得，如普遍使用的空气焓值法房间空调器制冷量测量就是通过实时在线测量温度、压力、长度等9个参量来测量制冷量。同时由于能源利用形式的多样性决定了能效测量的复杂性、综合性和跨学科性，为保证能效测量结果的准确性，有必要进行能效计量比对。能效计量比对能够考察不同能效测量装置之间测量结果的准确一致程度，是对能效测量过程中所涉及的人员、设备、方法和环境等各方面的一种综合考察和评价。计量比对结果可作为测量能力的一种直接有效证明。

120. 对企业能源计量人员如何管理？

用能单位应当根据工作需要配备足够的专业人员从事能源计量管理工作，保证能源计量职责和管理制度落实到位。应设专人负责能源计量器具配备、使用、检定/校准、维护、报废等管理工作；设专人负责能源计量数据采集、统计、分析，保证能源计量数据完整、真实、准确。从事能源计量管理、能源计量器具维护、能源计量数据采集、能源计量数据统计分析等的人员，应掌握从事岗位所需的专业技术和业务知识，具备能源计量技术和业务能力，定期接受培训。

121. 与企业计量检测和管理体系建设有关的国家标准有哪些?

2003年,国际标准化组织在总结世界各国先进计量管理理论和实践的基础上,修订并发布了ISO 10012《测量管理体系 测量过程和测量设备的要求》,我国及时将其转换为国家标准GB/T 19022—2003《测量管理体系 测量过程和测量设备的要求》。为了按照GB/T 19022—2003的要求进一步提高我国企业计量工作的水平,指导计量检测体系确认工作的开展,国家质检总局又制定了JJF 1112—2003《计量检测体系确认规范》。

122. 计量检测公共服务平台建设包括哪些内容?

各级计量技术机构充分发挥计量技术优势,主要从以下几方面完善计量检测公共服务平台:通过加大投入力度,不断巩固、提升传统计量基、标准水平;尽快建立社会急需的大流量、大容量、在线检测等计量标准和新型计量器具的计量标准、校准装置;制定相应的技术规范,扩大计量器具的检定、校准覆盖范围,有效开展计量器具的检定和溯源。为大宗物料交接、产品质量检验以及企业间的技术合作提供计量检测服务。

123. 企业为什么要加强对计量检测数据的应用和管理?

企业计量检测数据是管理者指挥、决策、协调、控制生产、经营活动的依据,也是操作人员控制产品质量和工艺过程参数的基本信息。加强计量检测数据管理,并使之形成体系,是保证向企业决策层、管理层、操作层提供满足预定要求的准确可靠的计量检测数据,提高产品质量、节能降耗、提高生产效率和效益、保障生产安全、保护环境等的技术基础。

124. 为什么提出要在新建企业、新上项目中把计量检测能力建设与其他基础建设一起设计、一起施工、一起投入使用？

企业计量活动中检测参数复杂繁多，分布在生产过程、生产终端、经营管理和量值传递四个方面。特别是生产过程和生产终端环节，工业参数检验、工艺过程参数、能源资源消耗等监测控制装备、仪表必须从基础建设设计阶段就进行科学的策划、配置，确保满足生产控制、检验及能源资源准确计量的需要。在此基础上一起施工、一起投入使用，才能实现计量检测数据的科学应用，把质量控制从检验阶段推进到控制阶段，从而建立准确可靠的测量数据并以此作为分析决策的重要技术依据。

125. 目前我国的计量双边和多边合作有哪些？

目前，我国的计量双边和多边合作主要有：

(1) 参与国际和区域计量组织活动

截至 2013 年 3 月底，国家质检总局参加的国际和区域计量组织有 6 个：米制公约组织（CONVENTION DU METER）、国际法制计量组织（OIML）、国际计量测试联合会（IMEKO）、亚太法制计量论坛（APLMF）、亚太计量规划组织（APMP）和国际标准物质信息数据库（COMAR）。

(2) 签署双边和多边合作协议

国家质检总局成立以来，先后与 17 个国家政府、民间计量机构建立了计量双边交流和合作关系，并签署了 45 个双边和多边合作协议（包括谅解备忘录、会谈纪要等）。

加强计量法律法规体系建设

126. 如何建立健全有中国特色的计量工作体制和机制?

我国计量监管体制和机制涵盖了工作理论、法律法规、行政监管、国家计量基标准和标准物质、量值传递溯源、产业计量、区域经济发展、技术保障等方面。

计量工作理论体系方面,要加强有中国特色计量工作体制机制研究,积极开展中国计量发展历史研究、新兴产业和高技术产业发展对计量新需求研究、计量基标准覆盖率研究、计量风险预警和评估研究等,从理论基础和战略全局高度研究计量发展问题。

计量法律法规体系建设方面,要以修订《计量法》为核心,开展与《计量法》配套的相关法规和规章的制修订工作及国家计量技术法规体系的建设工作,进一步建立健全"系统完备、科学规范、运行有效"的计量监督管理体制。

127. 与《计量法》相配套的法规、规章主要有哪些?

目前我国与《计量法》相配套的法规、规章主要包括计量行政法规、计量部门规章、计量地方性法规和计量地方政府规章等。

(1) 计量行政法规。包括《中华人民共和国计量法实施细则》《中华人民共和国强制检定的工作计量器具检定管理办法》《中华人民共和国进口计量器具监督管理办法》等 8 个行政法规。

（2）计量部门规章。包括国务院计量行政部门制定的《计量授权管理办法》《计量违法行为处罚细则》等 20 个部门规章。

（3）计量地方性法规。省、直辖市、自治区人大常委会制定的目前已经出台 30 个行政法规（截至 2012 年底）。

（4）计量地方政府规章。省、直辖市、自治区地方人民政府和较大城市地方人民政府制定的《北京市计量监督管理规定》《辽宁省用水计量管理办法》等 15 个地方政府规章。

128. 美国的计量管理体系是什么样的？

美国《宪法》第八款中规定：国会有权铸造货币，调议其价值，并厘定外币价值，以及制定度量衡标准。美国有国家（联邦）计量法和州计量法。联邦商贸计量法涉及专门类产品（如：肉类和禽类）或商品组（如：定量包装商品），并为各州的计量法所采纳。州的计量法律和规程涉及大宗的商贸计量。

关于贸易、公共健康和安全、环境保护，联邦法律涵盖在《美国条令》中，规程涵盖在《美国联邦规程条令》中。各州的法律法规是彼此独立的。通常在地方条例和规程中对商贸计量做补充条款。

在州一级，每个州颁布自己的法律和规程，它包含所有在联邦法律中所涉及的有关商贸计量的条款，并允许各州对所有相关的计量活动实施法制管理。

129. 德国的计量管理体制是什么样的？

德国计量行政部门分为三级。国家级部门为联邦德国物理技术研究院（PTB）。该院是德国最高的国家计量管理及技术机构，隶属联邦政府经济技术部。在 28 部不同领域的相关法律的支撑和要求下，PTB 负责确保国内量传统一，并与欧盟及国际计量基准保持一致性。作为德国基础计量最重要的研发机构,其应用性研究处于国际领先地位,为德国科技和经济发展提供了坚实的基础保障。PTB内设力学与声学处、电学处、化学物理和防爆处、光学处、精密工程处、电离辐射处、热工与同步辐射处、医学物理与计量信息技术处等8个技术部门,以及行政管理处和科研处等2个综合部门。PTB的主要工作内容是进行工程性研发,建立、保存和传递国际单位制(SI)单位和法定时间,包括起草本国计量法;其次是向工业和贸易领域提供准确可靠的测量与测试服务,以及依法对一些计量仪器设备开展型式批准工作;另外,则是致力于计量的国际一致性而开展的国际合作和咨询等。

地方各州(相当于我国省级)设有计量局,隶属各州政府经济部门。全德国16个州,原来设有16个州计量局,目前合并、削减为13个州计量局。各州计量局集计量监督和量值传递(主要是计量检定)于一身,主要负责依法管理计量器具、商品量的监督检查和计量检定,并对计量授权站实施监督管理。

德国法制计量体制框图见图1。

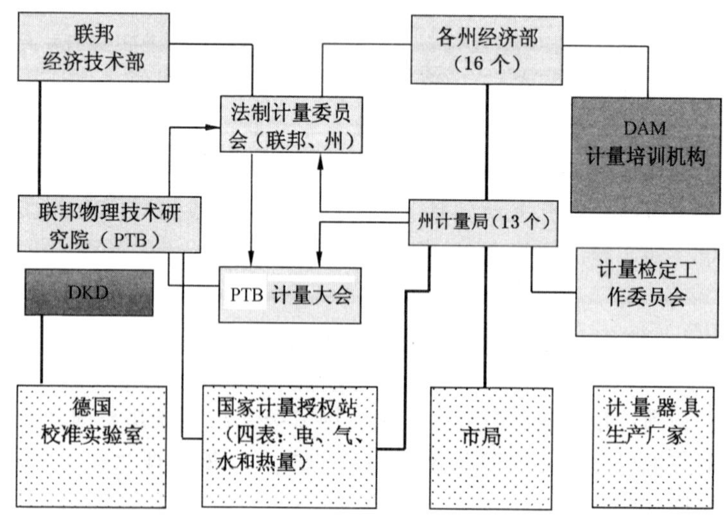

图1 德国法制计量体制(框图)

130. 英国的计量管理机构是什么样的?

英国全国法制计量管理工作原由英国度量衡实验室(NWML)负责,全国科学计量管理工作原由英国国家物理实验室(NPL)负责,政、事合一。随着近几年科学技术的飞速发展,英国感到原有的计量管理体制已不适应当今科技创新需要,在成立英国商业、创新和技能部(BSI)时,专门成立了国家计量办公室(NMO),隶属BSI,是全国计量领域的官方执行机构。

NMO 主要职能是:

(1) 建立英国的国家计量体系;

(2) 负责英国和欧盟的计量立法;

(3) 提供计量和校准服务;

(4) 计量器具和质量体系认证;

(5) 国际合作;

(6) 培训和咨询;

(7) 英国法制计量的领导组织。

英国的国家计量院是由一组技术机构组成的,承担不同的职能(见表1)。

表1 英国国家计量院组成

<table>
<tr><th>序号</th><th>单位名称</th><th>英文缩写</th><th>主要职责</th><th>经营管理</th></tr>
<tr><td rowspan="2">1</td><td>国家计量办公室
(National Measurement Office)</td><td>NMO</td><td>法制计量</td><td rowspan="2">国家</td></tr>
<tr><td>国家度量衡实验室
(National Weight Measurement Laboratory)</td><td>NWML</td><td>长度、容量和质量计量</td></tr>
</table>

续表1

序号	单位名称	英文缩写	主要职责	经营管理
2	国家物理实验室(National Physical Laboratory)	NPL	物理计量	Serco公司
3	政府化学家实验室(Laboratory of the Government Chemist)	LGC	化学和生物计量	LGC公司
4	国家工程实验室(National Engineering Laboratory)	NEL	流量计量	TUV公司

131. 强制管理的计量器具主要涉及哪些领域?

根据《规划》内容,强制管理的计量器具主要涉及贸易结算、安全防护、医疗卫生、环境监测、资源管理、司法鉴定和行政执法等领域。

132. 能效标识监管的依据是什么?

能效标识监管的依据主要有《中华人民共和国节约能源法》《能源效率标识管理办法》和《能源计量监督管理办法》。

133. 目前能效标识监管的范围有哪些?

截至2012年底,国家共对9批29类产品实施能效标识管理。能效标识监管的范围见表2。

表2 能效标识监管的范围

批次	序号	产品类别	依据文件	发布日期	实施日期
第一批	1	家用电冰箱	国家发展和改革委、国家质检总局、国家认监委2004年第71号公告	2004-11-29	2005-3-1
	2	房间空气调节器			
第二批	3	家用电动洗衣机	国家发展和改革委、国家质检总局、国家认监委2006年第65号公告	2006-9-18	2007-3-1
	4	单元式空气调节机			
第三批	5	自镇流荧光灯	国家发展和改革委、国家质检总局、国家认监委2008年第8号公告	2008-1-18	2008-6-1
	6	高压钠灯			
	7	冷水机组			
	8	中小型三相异步电动机			
	9	家用燃气快速热水器和燃气采暖热水炉			
第四批	10	转速可控型房间空气调节器	国家发展和改革委、国家质检总局、国家认监委2008年第64号公告	2008-10-17	2009-3-1
	11	多联式空调（热泵）机组			
	12	储水式电热水器			
	13	家用电磁灶			
	14	计算机显示器			
	15	复印机			

续表 2

批次	序号	产品类别	依据文件	发布日期	实施日期
第五批	16	自动电饭锅	国家发展和改革委、国家质检总局、国家认监委 2009 年第 17 号公告	2009-10-26	2010-3-1
	17	交流电风扇			
	18	交流接触器			
	19	容积式空气压缩机			
	20	家用电冰箱(修订)			
第六批	21	电力变压器	国家发展和改革委、国家质检总局、国家认监委 2010 年第 3 号公告	2010-4-12	2010-11-1
	22	通风机			
	23	房间空气调节器(修订)			
第七批	24	平板电视	国家发展和改革委、国家质检总局、国家认监委 2010 年第 28 号公告	2010-10-15	2011-3-1
	25	家用和类似用途微波炉			
第八批	26	打印机、传真机	国家发展和改革委、国家质检总局、国家认监委 2011 年第 22 号公告	2011-8-19	2010-1-1
	27	数字电视接收器			
第九批	28	远置冷凝机组冷藏陈列柜	国家发展和改革委、国家质检总局、国家认监委 2012 年第 19 号公告	2012-6-21	2012-9-1
	29	家用太阳能热水系统			

134. 过度包装监管的依据是什么？

过度包装监管的法律依据主要是《中华人民共和国清洁生产

促进法》，第二十条第二款规定：“企业应当对产品进行合理包装，减少包装材料的过度使用和包装性废物的产生。”此外，《中华人民共和国循环经济法》从减少资源消耗和便于回收利用等方面也对过度包装作了原则性规定。同时，过度包装监管的强制性国家标准 GB 23350—2009《限制商品过度包装要求　食品和化妆品》自 2010 年 4 月 1 日起开始实施，对包装成本、包装空隙率及包装层数三个重要指标作出了强制性规定，为科学合理的限制过度包装提供了有力的技术依据。

135. 过度包装监管的范围是什么？

目前过度包装的监管范围主要是食品和化妆品，依据 2010 年开始实施的 GB 23350—2009《限制商品过度包装要求　食品和化妆品》，该标准规定了食品和化妆品的包装层数不得超过 3 层、包装空隙率不得大于 60%、初始包装之外的所有包装成本总和不得超过商品销售价格的 20%等内容。

136. 为什么要对计量器具实施制造许可和型式批准管理？

计量器具型式批准是承认计量器具的型式符合法定要求的决定。型式批准的目的是为了使计量器具从它生产起就能符合有关计量法规要求和满足使用需要。计量器具的型式批准既是国家对计量器具新产品的一种法制管理，也是符合国际惯例的一种做法。国际法制计量组织（OIML）对计量器具新产品制定了第 19 号国际文件《型式评定和型式批准》。世界绝大多数国家都已将型式批准纳入了计量法制管理的范围。

制造计量器具许可制度是我国对在中华人民共和国境内制造计量器具的单位实行的一种许可制度。计量器具广泛应用于工农业生产、国内外贸易、科学研究、医疗卫生、环境保护、节能降耗以及日常生活的各个领域,是确保全社会量值准确可靠的最重要的前提条件。计量器具的产品质量对国民经济、社会发展和人民生活有着直接的重要影响。为保证计量器具的质量,保障国家计量单位的统一和量值的准确可靠,国家对计量器具的制造实行严格准入许可和监督管理。

137. 强制检定的范围是什么?

《计量法》第九条规定:"县级以上人民政府计量行政部门对社会公用计量标准器具,部门和企业、事业单位使用的最高计量标准器具,以及用于贸易结算、安全防护、医疗卫生、环境监测方面的列入强制检定目录的工作计量器具,实行强制检定。"表明实施强制检定的计量器具范围包括两部分,一是计量标准,即社会公用计量标准、部门和企事业单位使用的最高计量标准;二是工作计量器具,即直接用于贸易结算、安全防护、医疗卫生、环境监测方面的列入《中华人民共和国强制检定的工作计量器具目录》的工作计量器具。

其中,《中华人民共和国强制检定的工作计量器具明细目录》从1987年实施以来,为适应经济和社会发展的要求,国家质检总局根据国务院授权,对目录进行了3次调整,目前目录总计60项117种。

138. 对计量技术机构监管的规定主要有哪些?

对计量技术机构的监管制度主要有《计量授权管理办法》《法定计量检定机构监督管理办法》《专业计量站管理办法》和《计量违法行为处罚细则》。

139. 什么是计量授权?

计量授权是指县级以上人民政府计量行政部门,依照《计量法》第二十条规定,授权给其他部门或单位的计量检定机构或技术机构,执行计量法规定的强制检定和其他检定、测试任务。

140. 计量授权的形式主要有哪些?

计量授权形式主要有:

(1) 授权有关部门或单位的专业性或区域性计量检定机构,作为法定计量检定机构;

(2) 授权有关部门或单位建立计量基准或社会公用计量标准;

(3) 授权有关部门或单位的计量检定机构,对其内部使用的强制检定计量器具执行强制检定。

141. 对计量器具监管的方式主要有哪些?

计量器具的监督管理主要从生产、进口、使用、修理等环节进行。

(1) 从生产环节看,计量器具制造企业要取得型式批准、制造许可,保证产品计量性能合格,计量行政部门对制造计量器具的质量进行监督检查。

(2) 从修理环节看,计量器具修理企业要取得修理许可,并保证修理后的计量器具产品计量性能合格,计量行政部门对修理计量器具的质量进行监督检查。

(3) 从进口环节看,计量行政部门对进口计量器具要进行审批、进口型式批准和进口检定。

(4)从使用环节看,计量行政部门对属于强制检定范围的计量器具要实行强制检定。对非强制检定的计量器具,计量行政部门要对其进行监督检查。

142. 如何发挥计量监管中的社会监督作用?

要广泛利用社会各界力量,充分发挥各类主体在计量监督管理中的优势作用,建立起“舆论监督、行业监督、群众监督”多管齐下的计量社会监督机制。

舆论监督是指加大对计量的宣传力度,充分利用报纸、广播、电视、网络等各类媒体,加强正面引导,曝光负面信息,真正发挥舆论监督作用,营造诚实守信、公平公正的良好氛围。

行业监督是指重视行业组织在计量监管中的优势,充分发挥其在沟通协调、咨询服务、行业自律和维护权益等方面的作用,鼓励行业组织加强行业自律,利用提示、警示等方式加大对经营者的监督和制约力度,发挥行业组织的监督作用,促进本行业健康规范发展。

群众监督是指通过多种方式使群众积极参与到计量监督中来,通过多种方式普及计量知识,提高群众的自我保护意识和能力,畅通投诉举报渠道,及时向群众反馈处理结果,结合实际聘请群众担任计量监督员等,建立群众计量监督队伍,发挥群众监督优势,监督经营者是否存在短斤缺两、计量作弊等违法行为,形成无处不在的群众计量监督网络。

143. 开展诚信计量体系建设的意义是什么?

开展诚信计量体系建设是健全现代市场体系的必然要求,是民生计量工作的重要内容,有利于营造公平竞争的市场计量环境,维护正常的市场计量秩序;有利于创新民生计量工作模式,建立健全民生计量工作长效机制；有利于改进计量管理，增强政府服务能力；有利于加强社会公德建设，促进社会和谐。

144. 诚信计量主要涉及哪些领域？

诚信计量主要涉及集贸市场、加油站、餐饮业、商店、医疗机构和眼镜店等与人民群众生活密切相关的领域。

145. 什么是诚信计量自我承诺？

诚信计量自我承诺是指经营者在自愿的基础上，按照《商业、服务业诚信计量行为规范》的要求公开向社会承诺诚信计量。《商业、服务业诚信计量行为规范》包括制度诚信、人员诚信、行为诚信、服务诚信和措施诚信，经营者对照这些准则进行自我承诺。通过在经营场所内张贴承诺书的形式向社会承诺诚信计量，同时公布质量技术监督部门的投诉举报电话，公开接受社会监督。质量技术监督部门要在经营者自我承诺的基础上，引导并培育一批诚信计量自我承诺示范单位，发挥典型示范作用。

146. 诚信计量分类监管的主要内容包括哪些？

实施诚信计量分类监管制度，主要是建立和完善诚信计量档案，依据经营者状况实施分类监管，调整执法检查和监管重点。对违反计量法律法规、实施计量作弊行为等严重失信的经营者，要列入黑名单实行重点监管，加大监督检查力度，增加监督检查频次，对各类计量违法行为要依法查处，及时向社会曝光，增加其失信成本，并发挥警示作用。

147. 建立实施计量失信“黑名单”制度的重要作用是什么?

计量失信“黑名单”制度是加强质量失信惩戒制度的一项重要措施。通过建立实施计量失信“黑名单”制度,将严重违反计量法律法规的企业,纳入“黑名单”并向社会公示,使违法企业的名誉受到损害,从而有效惩戒违法违规企业,引导和加强社会舆论监督,实现对其他企业的警示和教育作用,不断增强全社会的计量意识和诚信意识。如根据计量器具产品质量监督抽查结果,国家质检总局向社会公布某种计量器具产品质量不合格的企业名单,并纳入计量失信“黑名单”范围。计量失信“黑名单”制度主要包括明确纳入“黑名单”的条件、发布机制和监管制度等。

148. 如何加强计量技术机构的诚信建设?

(1) 端正行业作风,坚守职业道德,倡导文化建设,树立核心价值观。

(2) 强化管理,健全制度,规范行为,增强能力,保证数据公正、准确、可靠。

(3) 使现代服务理念成为立业准则,将服务宗旨、承诺、程序、质量、纪律等渗透在服务中。

(4) 增强计量技术机构的社会责任感,坚持“以信为本”的服务原则,永远取信于客户。

149. 计量器具强制检定合格公示制度主要内容是什么?

计量器具强制检定合格公示制度是指加油站、商店、眼镜店等与人民群众生活密切相关领域的经营者,按照《加油站计量监督管理办法》《眼镜制配计量监督管理办法》《零售商品称重计量监督管理办法》等规定，配备符合要求的计量器具，且在用计量器具经过法定计量检定机构实施强制检定，具有有效期内检定证书，在检定合格的计量器具上粘贴有检定标志，并在经营场所内向人民群众公示。

150. 定量包装商品监督管理的依据和内容是什么？

对定量包装商品实施计量监督管理是我国计量工作的重要内容，也是政府法制计量工作的重要组成部分。为了维护社会主义市场经济秩序，切实保护消费者的合法权益，国家质检总局颁布了《定量包装商品计量监督管理办法》，其中第三条规定："国家质检总局对全国定量包装商品的计量工作实施统一监督管理。县级以上地方质量技术监督部门对本行政区域内定量包装商品的计量工作实施监督管理。"定量包装商品监督的技术依据是 JJF 1070—2005《定量包装商品净含量计量检验规则》。

按照《定量包装商品计量监督管理办法》的有关规定，定量包装商品监督管理的内容主要包括：一是县级以上质量技术监督部门应当对生产、销售的定量包装商品进行计量监督检查。二是鼓励定量包装商品生产者自愿参加计量保证能力评价工作，保证计量诚信。省级质量技术监督部门按照《定量包装商品生产企业计量保证能力评价规范》的要求，对生产者进行核查，对符合要求的予以备案，并颁发全国统一的《定量包装商品生产企业计量保证能力证书》，允许在其生产的定量包装商品上使用全国统一的计量保证能力合格标志。

151. 欧洲对定量包装商品监管的模式有哪些？

目前，欧洲各国对定量包装商品主要采取四种监管模式：

(1) 市场监督检查；

(2) 企业申请+政府在包装现场的监控+市场监督检查;

(3) 企业申请+政府在包装现场的监控+市场监督检查+对企业能力的检查;

(4) 企业申请+政府在包装现场的监控+市场监督检查+对企业能力的检查+对企业进行确认。

市场监督检查是指在市场上选择定量包装商品进行抽样,检验其是否符合计量要求。政府在包装现场的控制是指政府按照法定程序,对包装现场(生产线)1 小时生产的包装商品或万件包装商品进行抽样检验。企业能力的检查是指对企业的包装设备、技术、认可的计量方法、控制设备、仪器的溯源校准情况以及企业自身的管理体系、测量不确定度、有关记录的保留等进行检查。对企业进行确认是指要求企业要具备对包装和控制系统描述的文件;具有政府审批的文件;同意在包装上使用 e 标;对管理体系要有年度的监督;当质量体系改变时,要进行重新审定和评价。

英国采用的是第二种管理方式;德国、法国等国家采用的是第三种管理方式;北欧和西欧的一些国家,如瑞典、荷兰等国家采用的是第四种方式。

152. 为什么要改革定量包装商品生产企业监管模式?

目前,我国现行的对定量包装商品生产企业的监督管理是一种“企业申请+政府部门核查+市场监督”的模式,政府主管部门的信用担保在其中扮演着重要角色,这与生产企业是保证定量包装商品净含量准确的第一责任人的主旨相矛盾。在行政主管部门难以完全控制定量包装商品净含量的准确计量时,这种政府的信用担保向市场所传递的信号易引发监管责任风险。因此,随着市场经济改革的深入,随着企业诚信意识的不断提高,适当对现有监管模式进行改革,可以进一步明确企业的主体责任,增强企业的计量保证能力。同时也可以充分发挥各级计量行政主管部门的监管职责,共同促进定量包装商品计量合格,维护消费者合法权益。

153. 近五年来国家质检总局开展了哪些计量专项整治或者计量专项监督检查?

一是围绕与人民群众生活密切相关的加油机、电子计价秤、汽车衡、农资、煤矿等部分行业在用计量器具等开展了一系列的市场计量专项检查活动。

二是组织开展了单相电能表、热量表、膜式煤气表等 16 种计量器具的产品质量国家监督抽查。

三是在 26 个省(自治区)的省会城市和 4 个直辖市针对米、面粉、洗衣粉、合成洗涤剂、牙膏、调味料等 32 种定量包装商品开展了净含量国家计量监督专项抽查。

四是以“中秋、国庆”双节为契机,组织各地对月饼、酒精饮料(包括白酒、红酒、黄酒等)、茶叶、化妆品、保健食品、加工农副商品跟踪开展了商品包装计量监督检查。

154. 对标准物质的管理依据是什么?

对标准物质的管理依据是:《计量法》《中华人民共和国计量法实施细则》和《标准物质管理办法》。

依据以上法律法规和规章的要求,国家质检总局对标准物质的申报、技术审查、定级、批准发布等环节都作出了明确的规定。经批准的标准物质由国家质检总局核发制造计量器具许可证和国家标准物质定级证书。

155. 能源计量监督的主要法律依据有哪些?

能源计量监督的主要法律依据有:《中华人民共和国节约能源

法》《计量法》《中华人民共和国计量法实施细则》《能源计量监督管理办法》等。

156. 能源计量器具的配备管理有哪些主要的技术要求?

能源计量器具是以能量为计量对象的计量器具。由于能量存在形式的多样性和能量转化过程的复杂性,决定了能源计量器具的复杂性。能源计量器具的配备必须满足 GB 17167—2006《用能单位能源计量器具配备和管理通则》要求,同时可执行相关行业国家标准,包括:GB/T 20901—2007《石油石化行业能源计量器具配备和管理要求》、GB/T 20902—2007《有色金属冶炼企业能源计量器具配备和管理要求》、GB/T 21369—2008《火电发电企业能源计量器具配备和管理要求》、GB/T 21367—2008《化工企业能源计量器具配备和管理要求》、GB/T 21368—2008《钢铁企业能源计量器具配备和管理要求》、GB/T 24851—2010《建筑材料行业能源计量器具配备和管理要求》、GB/T 29453—2012《煤炭企业能源计量器具配备和管理要求》、GB/T 29452—2012《纺织企业能源计量器具配备和管理要求》、GB/T 29454—2012《制浆造纸企业能源计量器具配备和管理要求》、GB/T 29149—2012《公共机构能源资源计量器具配备和管理要求》等。

157. 什么是能源资源计量审查?

能源资源计量审查指各级政府计量行政部门对重点用能单位能源计量器具配备和使用、能源计量人员配备和培训、能源计量数据管理等能源计量工作情况进行的审核与检查。

158. 什么是"能效对标、计量诊断"?

"能效对标、计量诊断"活动旨在通过组织国内同行业用能单位按照相同的标准和要求，对能效指标进行对比分析，对能源计量器具配备、能耗计量数据使用进行全面核查和比较；帮助用能单位全面客观地了解能源使用实际情况，能源计量管理存在的问题等；根据能源利用状况和存在的问题，提出计量诊断结论和切实可行的改进措施。

159. 为什么要对能源资源进行分类计量？

能源是自然界中能够直接或者通过转换提供某种形式能量的物质资源，常见能源分为：化石燃料、水能、核能、电能、太阳能、生物质能、风能、海洋能、地热能等；也可分为一次能源、二次能源。针对不同能源种类，采取分类计量的方式，满足能耗准确统计分析需要，指导科学合理地利用能源，使有限能源发挥最大价值。

160. 加强能源计量数据的使用和管理的主要内容包括哪些？

能源计量数据公共平台是国家城市能源计量中心的基础和核心。一是加速构建煤、油、水、电、气等主要能源及耗能工质的计量数据采集系统，应用物联网技术开展能源计量数据在线采集、实时监测、集中存储和科学应用。到 2020 年末，努力实现《万家企业节能低碳行动实施方案》所确定的年综合能源消费量 1 万吨标准煤及以上的工业企业能源计量数据的在线采集和实时监测。二是与政府有关部门的需求相衔接，实现能源信息资源共享，推动能源计量数据有效应用，为政府和有关部门节能管理提供可靠的数据，为低碳经济指标体系提供数据支撑，为企业实现精细化管理、有效节能降耗提供准确的依据。三是通过能源计量数据公共平台建立重点耗能企业能源计量器具档案，实现能源计量数据信息网上直报，对能源计量数据实行动态统计、查询和管理。

161. 安全计量的领域主要有哪些?

安全计量涉及生产安全、环境安全、交通安全等方面,安全计量监督管理包括对与安全相关计量器具的制造许可、强制检定、监督管理等。

162. 如何督促使用单位建立和完善安全用计量器具的管理?

确保安全防护用强检计量器具量值的准确可靠,特别要提高使用单位的计量法制意识,督促使用单位依法做好安全防护用强检计量器具的配备、检定和日常维护、管理等工作,指导帮助使用单位完善计量管理制度,建立健全使用单位计量管理体系,不断提高使用单位的计量管理水平。特别对安全防护用强检计量器具要进行重点监督,督促使用单位确保安全防护用强检计量器具依法处于受控状态。

163. 计量器具监管的风险主要在哪些方面?

计量器具监管的风险主要包括监管产品风险、工作风险和队伍风险等。

产品风险主要是指计量器具作为一种特殊的产品,广泛应用于生产、科研和日常生活等各个领域,在整个经济生活中处于相当重要的地位。计量器具不准确,将无法保证国家计量单位制的统一和量值的准确可靠,以致国家量传体系出现紊乱,会影响社会经济秩序、科学研究,危害国家和人民的根本利益。计量器具产品的风险点主要集中在某种或某类计量器具出现问题引发的突发性风险。近年来发生的比较严重的突发性风险事故，如因出租车计价器附加功能软件出现故障而引起的出租车大规模集中被动停运事件，给城市交通秩序造成比较恶劣的影响。

工作风险主要是指在计量器具的生产、使用、修理、经销、进口、监督管理等环节因各方面原因可能引发的风险。如生产环节主要包括承担型式评价的技术机构擅自减少规定的试验项目或缩短试验时间，造成型式试验缩水，引发因计量器具新产品型式不过关而连带产品质量不合格的风险。计量器具生产企业在实际工作中不按照批准的型式进行生产，不能持续保持申请计量器具制造许可证时所应当具备的生产条件，即所谓的“两张皮”现象，计量器具的计量性能和准确度难以保障。对已取得型式批准证书和制造计量器具许可证的生产企业的证后监管力度不够，可能引发计量器具生产企业的产品质量责任风险。

队伍风险主要是指行政审批风险和其他岗位风险。承担同计量有关的行政审批项目的行政审批岗位由于直接涉及相对人的利益，历来是高风险且责任重大的岗位，要有严格的制度规范。其他岗位人员，如果政治素质不过硬，思想作风不过关，则极易导致工作作风不扎实的问题，甚至出现软弱涣散、腐化堕落的风险。一旦思想、方向上出了问题，缺乏党风廉政的正确指导和监督，计量器具监管工作也难以为继。

164. 计量突发事件应急预案建设的意义和主要内容包括哪些？

为了建立健全计量突发事件的应急响应机制，规范计量应急管理工作程序，正确、快速和有效处置计量突发事件，最大程度地预防和减少计量突发事件及其造成的损害，保障国家计量单位制的统一和量值的准确可靠，维护社会稳定，促进经济社会全面、协调、可持续发展，依据《计量法》《中华人民共和国突发事件应对法》

等法律法规和有关文件,制定计量突发事件应急预案。计量突发事件应急预案主要包括总体上的编制的目的、依据、适用范围、事件分类、工作原则及应急预案体系,组织体系如领导机构、地方机构和专家组各自的职能,运行机制包括如何防范预警、应急过程中如何处置、后期如何处置等,还包括应急保障和监督管理的相关内容。

165. 在贸易结算领域中的计量作弊主要有哪些?

计量作弊多发在贸易结算领域,如集贸市场、餐饮业利用电子计价秤进行计量作弊,加油站破坏加油机铅封、偷换加油机电脑芯片或主板以克扣消费者油量、加气机人为篡改密度值,出租汽车破坏计价器铅封、利用高科技手段进行计价器作弊等。

166. 对防止计量作弊采取了哪些措施?

计量作弊始终是质监部门严厉打击的计量违法行为,针对计量作弊行为,一方面从技术措施上加强管理,如修订加油机型式评价大纲,要求从2006年9月8日起,所有新生产的加油机必须加装防作弊功能。另一方面从管理措施上加强监督检查,畅通投诉举报渠道,计量作弊违法行为一经发现,依法予以严肃处理。

保障措施

167. 如何做好《计量发展规划（2013—2020）年》的组织实施工作？

一是各级人民政府要高度重视计量工作，把计量发展规划纳入国民经济和社会发展规划中，及时研究制定支持计量发展的政策措施。二是各地要按照计量量传溯源体系特点和要求，整体规划计量发展目标，合理布局本地区计量发展重点，建立完善的计量服务与保障体系。三是各部门、各行业、各单位要按照规划要求，组织编制实施方案，分解细化目标，落实相关责任，确保规划提出的各项任务完成。四是要加强国家、地区、部门有关年度工作计划与规划的衔接，把规划的总体要求安排到年度计划中。

168. 各级人民政府要加大对计量工作哪些方面的投入力度？

一是要加大计量科研投入力度，夯实计量技术基础；二是要加大计量标准建设投入力度，保证全国量传溯源体系的完善，服务当地经济发展；三是要加大人才投入力度，保证计量发展后继有人；四是加大计量惠民投入力度，让计量更好地服务社会和谐和人民健康生活。

169. 与人民生活、生命健康安全密切相关的强检计量器具主要指哪些?

与人民生活、生命健康安全密切相关的计量器具主要包括:衡器、煤气表、水表、电能表、热量表、出租汽车计价器、加油机、医疗计量器具(如体温计、血压计、B超、CT等)。

170. 近年来开展了哪些计量惠民活动?

为了认真贯彻落实党中央国务院提出的关注民生、构建社会主义和谐社会的总体要求,切实履行质检部门职能,强化计量惠民服务意识,2008—2009年,国家质检总局在全国范围内集中组织开展了历时两年的"关注民生、计量惠民"专项行动,围绕"诚信计量进市场、健康计量进医院、光明计量进镜店、服务计量进社区乡镇"(四个走进)组织了一系列大型主题服务活动。2010—2012年,国家质检总局在全国范围内集中组织开展了历时三年的"推进诚信计量、建设和谐城乡"主题行动,率先在集贸市场、加油站、餐饮业、商店、医院、眼镜店等与人民群众生活密切相关的领域初步建立起以经营者自我承诺为基本框架的诚信计量体系。通过行动,各地进一步完善了强检计量器具档案,出台了一系列计量惠民措施,推进了诚信计量体系建设,在整顿和规范市场计量秩序方面取得了明显成效,凸显了计量工作服务经济社会的有效性,初步形成了民生计量快速发展的良好格局。

此外,近年来各地也普遍开展了一系列主题鲜明、形式多样的计量惠民活动,如开放参观实验室、发放维权标准砝码、免费配备公平秤、免费检测血压计、免费验光配镜等,向群众普及计量知识,依法处理计量投诉,提供免费咨询和计量检测等服务,把民生计量工作深入到社区、乡镇、农村、学校、敬老院,进一步拉近了计量和广大群众之间的距离。

171. 注册计量师制度是什么时候开始实施的?

2006年4月26日,原人事部和国家质检总局联合印发了《关于印发〈注册计量师制度暂行规定〉、〈注册计量师资格考试实施办法〉和〈注册计量师资格考核认定办法〉的通知》(国人部发〔2006〕40号),将我国从事计量技术工作的专业人员,纳入全国专业技术人员职业资格证书制度统一规划,实行职业准入制度。

172. 注册计量师制度的基本内容是什么?

注册计量师分一级注册计量师和二级注册计量师,经考试取得相应级别证书,并依法注册后,可从事规定范围计量技术工作。

人力资源和社会保障部、国家质检总局共同负责注册计量师制度的有关工作,并按职责分工对该制度的实施进行指导、监督和检查。各地方人事行政部门、质量技术监督部门,按照职责分工负责本行政区域内注册计量师制度的实施与监督管理。

注册计量师资格实行全国统一大纲、统一命题的考试制度,原则上每年举行一次。质检总局负责拟定注册计量师资格考试科目、考试大纲、考试试题,人力资源和社会保障部组织专家审定考试科目、考试大纲、考试试题,并会同国家质检总局对考试进行检查、监督、指导和确定合格标准。

国家对注册计量师资格实行注册执业管理,取得注册计量师资格证书的人员,经过注册后方可以相应级别注册计量师名义执业。国家质检总局为一级注册计量师资格的注册审批机关。各省、自治区、直辖市质量技术监督部门为二级注册计量师资格的注册审批机关,并负责一级注册计量师资格的注册审查工作。

注册计量师依据国家计量法律、法规的规定,开展相应专业的执业活动。各级注册计量师只能在聘用单位计量技术工作资质规定的业务范围和本人注册的专业范围内,履行相应岗位职责。

173. 如何加强计量人才队伍建设?

加强计量人才队伍建议需要从以下几方面着手:依托重大科研项目、重点建设平台和国际合作项目,加大学科带头人培养力度。强化高层次科技人才开发,着力培养具有世界科技前沿水平的高级专家、高层次领军人才。加大优秀科技人才引进,重视青年科技英才培养,支持青年人才主持重点科技项目。加强计量相关学科、专业以及课程建设,完善全过程计量人才培养机制。加强计量技术人员相关职业资格制度建设,加强计量行政管理人才培养,提升计量队伍的业务水平和监管能力。

174. 计量文化体系建设的宗旨是什么?

计量文化体系建设的宗旨是"度万物、量天地、衡公平"。

175. 计量文化的核心价值观是什么?

计量文化的核心价值是保证量值准确可靠、服务经济社会发展、促进国家科技进步、推动国际交流合作。

176. 计量精神是什么?

计量精神是科学、准确、求实、奉献。

177. 计量管理文化是什么?

计量管理文化是科学、公正、规范、效率。

178. 计量行为文化是什么?

计量行为文化是精细、精准、精益求精、公平公正。

179. 加强计量文化建设的意义是什么?

加强计量文化建设的重要意义有:

(1) 保持良好的精神状态,增强核心凝聚力;

(2) 激发主动的行为意识,提高计量软实力;

(3) 树立良好的质检形象,提高社会影响力。

180. 如何强化对《规划》的评估考核?

一是要及时总结,定期分析进展情况。二是要实施规划中期评估,评估后需调整的规划内容,由规划编制部门提出具体方案,报国务院批准后实施。三是要对规划最终实施总体情况进行全面评估并向社会公布规划实施情况及成效。